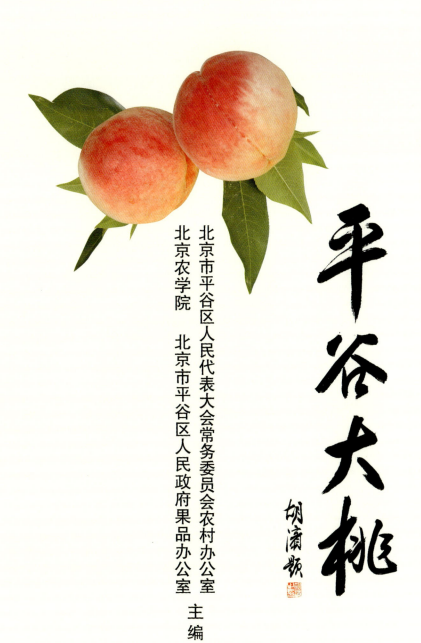

北京市平谷区人民代表大会常务委员会农村办公室

北京农学院　北京市平谷区人民政府果品办公室　主编

平谷大桃

胡瀛颖

中国农业出版社

主编单位：北京市平谷区人民代表大会常务委员会农村办公室

北京农学院

北京市平谷区人民政府果品办公室

协助单位：中共平谷区委宣传部

北京市平谷区农村工作委员会

北京市平谷区旅游发展委员会

北京市平谷区文化委员会

北京市平谷区科学技术委员会

北京市平谷区科学技术协会

北京市平谷区文学艺术界联合会

北京市平谷区广播电视中心

北京市平谷区档案局

编　委　会

编 写 组

主　　编：李福芝

副主编：韩新明　张　杰　关　伟

编　　委：李福芝　姚允聪　张　瑞　韩新明　张　杰　关　伟

　　　　　闫君君　田　佶　卢艳芬　庞　慧　高成琳　喻永强

　　　　　龚　硕　黄支权　田顺宝　陈俊生

摄影作者：耿大鹏　刘国君　闫国明　崔新民　赵明革　王玉梅

　　　　　王小雨　郭长革　张宝东　张继强　刘小英　薛立志

　　　　　王振东　徐瑞芝　王连友　王佩先　王久为

艺术加工：高成琳　刘国君

审　　校：姚允聪　姜　全

序　一

　　北京平谷大桃产业具有很长的发展历史。改革开放后，平谷大桃在各级政府、主管部门支持下，经过国内外专家的悉心指导和当地技术人员、果农的辛勤努力，使大桃产业焕发了新的生机。他们通过周密的调查研究，制定产业发展规划，不断突出桃的栽培优势与特色；通过引进优新品种，改变传统的栽培模式，采用高光效树形，实施平衡施肥和节水等技术环节，不断提升桃果品产量与质量；通过制定和普及桃无公害、绿色生产技术标准，提高果农的技术水平和操作能力；通过媒体宣传、树立品牌，使平谷大桃远销海内外；同时坚持多年主办桃花节等各种以观赏桃花、采摘桃果为主题的节庆活动，吸引游客到平谷旅游观光，带动了一、二、三产业的发展，富裕了当地农民，对京津冀地区果树产业的发展起到了良好的示范带动作用。由李福芝同志组织平谷区果品办公室和北京农学院等单位编写的《平谷大桃》一书，总结了平谷大桃产业的发展历程、现状与取得的成绩，重点介绍了平谷地区栽植的优良品种特点与栽培要点，还给读者展示了以平谷大桃为主题的文化艺术产品，如节庆活动、摄影作品、文学作品、绘画作品以及部分桃木艺品等。图文并茂，内容丰富。在基层工作的果树工作者，能够通过对多年实践经验的总结，并博采众长，组织编撰这本为区域产业经济发展和农民致富提供指导的著作，实属难能可贵，令人钦佩。希望这本著作能够在推动北京及全国桃产业的转型升级过程中发挥更大的作用。

中国工程院院士
山东农业大学教授 束怀瑞

2017年2月27日

序 二

桃花灼灼有光辉，无数成蹊点更飞。

平谷大桃，是平谷人民的骄傲，她承载着平谷改革开放的印记。曾经的平谷是20世纪70年代"以粮为纲"的高产穷县。平谷改革开放后迈出的第一步就是调整农业结构，大力发展大桃产业，实现"一主多特"产业富民。从实行家庭联产承包责任制，再到实施科教兴国发展战略，平谷大桃产业一直是全区改革开放的先行者、排头兵、先锋队，她蕴涵着平谷人民割舍不断的乡愁。人面不知何处去，桃花依旧笑春风。平谷这片19.4万亩桃花海，这个桃花盛开的地方，桃花的清香、桃子的香甜，是每个平谷人熟悉的感觉，那就是家的味道。她打开了平谷对外交流的窗子。社会各界了解平谷的第一个窗口就是大桃。"中国驰名商标""中国地理标志保护产品""中国农产品区域公用品牌百强"等多个国内外殊荣都冠于平谷大桃身上，18届平谷国际桃花音乐节和6届流行音乐季，都依托了平谷桃花的芬芳。可以说，平谷大桃是平谷最响亮的名片。她承载着平谷人民对幸福生活的向往；她代表着幸福与吉祥，凝聚着勤劳与汗水，传承着智慧与奉献。正因为大桃，平谷15万山区半山区果农实现了增收致富，过上了幸福生活，让老百姓体会到了只有通过用勤劳的双手和智慧的头脑才能追求到幸福。

能够把赋予平谷大桃身上的所有特征真正保留下来，唯有文字。令人高兴的是，福芝同志作为平谷大桃产业发展的见证人、参与者、老专家，历经3年时间，主持编写了《平谷大桃》一书，将平谷大桃的发展历史、特色品种、文化内涵全部展现出来，实属不易。这本书，可称为平谷大桃的"百科全书"，用途非常广泛。对于广大果农来说，是"教科书"，按照文字介绍即可进行种植生产；对于市民游客来说，是"导引牌"，想吃什么口味，按图索骥即可；对于专业学者来说，是"资料库"，研究大桃哪个方面都能找到；对于电商企业来说，是"大辞典"，凭此可以创建出吸引力十足的主页；对于党员干部来说，是正能量，引领大家把"真情为民、实干创新"的"果办精神"发扬光大。

看到《平谷大桃》这本书，让我对平谷农业发展充满了信心和期望。信心来自过去取得的骄人成绩，期望在于对今后发展的美好愿景。大桃产业是几十年来几代人不断努力才铸就出来的金字招牌，我们怎么才能让平谷大桃久盛不衰？必须用极致来取胜。在市场经济发展日趋成熟的条件下，平谷大桃要走人无我有、人有我优的路子，质量要做到极致，品牌要做到极致，功能要做到极致，始终走在全国桃产业的前列。首先要有机化，核心就是要拥有健康土壤，提升土壤有机质含量，为有机大桃提供更安全、更优质的环境条件。其次要标准化，推动大桃产业规模化、园区化建设，打造标准运用示范基地，为全区农业标准化生产引路导航。第三是品质化，从新鲜产品到食品加工再到休闲旅游，每一个环节的衔接，都用精细化理念去雕琢和管理。

希望平谷大桃产业再创新的辉煌！

中共北京市平谷区区委书记　王成国

2017年2月18日

序　三

　　多年来，平谷区高度重视农业结构调整，不断优化产业结构，培育出了世界最大的桃园、首都最大的果区。平谷已成为中国著名的桃乡和全国经济林建设先进区。大桃产业已经成为全国农业产业结构调整的特色代表，经济效益突出，富民效果显著；产生了良好的生态效益，人居环境改善；同时还带动了旅游、包装、加工、电商等产业，实现了产业融合大发展。大桃产业成为平谷区富民强区的重要力量。

　　平谷大桃产业辉煌成就来之不易。实施大桃精品战略，促进大桃产业升级；实施高效密植现代化果园建设，实现大桃产业第二次革命；实施品牌战略，打造平谷大桃新形象；实施营销战略，促进农民增收致富；实施综合开发战略，深入挖掘大桃文化内涵。这是历届党委政府领导深化改革、科学决策的结果，是相关部门工作者真抓实干、无怨付出的结果，也是全区人民积极探索、大胆实践的结果。这段历史我们不能忘记，这些成果我们应该记载。很高兴，福芝同志领衔主编的《平谷大桃》一书就要出版发行。这部书应该说是平谷大桃产业的"大百科全书"。福芝同志工作的几十年都没有离开过农林行业，是平谷大桃产业的实践者、发展的见证人。她主动担起历史的责任，将平谷大桃事业几十年几代人的汗水和智慧，用3年的时间固化成这样一本厚厚的著作，并以图文并茂的形式展现出来，造福于当代，传之于后人，可谓意义重大。

　　我想工作的最高形式就是，将实践经验上升到理论资料，启迪同仁并传承后人。期盼我们的党员干部队伍中多涌现这样的同志。"果办精神"在平谷影响深远，希望大桃产业仍然走在时代发展的前列，并有力助推平谷生态文明建设的阔步前进。当前，平谷果业正向着都市型现代化果业方向稳步迈进，这就决定了平谷的果品产业不仅要提供优质的四季鲜果，满足消费者需求，还要使果品产业形成生产性、生态性、生活性、文化性、科技性融为一体的特色产业。我想这将有赖于我们今后不断提高农民的组织化程度，探索平谷果业集约化、规模化、现代化、机械化新的经营体制、栽培模式和栽培技术，破解当前制约平谷区果品产业发展的瓶颈问题，从而大力推进产业提质增效、农民收入倍增。

事业的发展是个接续传承的过程，比如我们的大桃产业，几十年几代人的努力已铸就成了平谷的金字招牌。继续推动产业稳步健康发展，让我们全区干部群众一起持续不断的共同努力！

最后，向《平谷大桃》一书的出版表示祝贺！向主编福芝同志，向主编单位、协助单位和所有参与编著的工作人员表示感谢！

北京市平谷区人民政府区长　汪明浩

2017年2月18日

目 录

第一篇　发展篇

# 一、平谷区大桃产业发展历程

平谷区的大桃产业经历了30多年的发展历程，成为了中国著名的大桃之乡，世界最大的桃园，现有面积19.4万亩*，2016年总产量3.1亿千克，总收入13.5亿元。大桃面积占北京市桃树栽培面积的62%，占全市桃生产收入的80%左右。平谷区以大桃产业为主的果品产业已成为全国农业产业结构调整的特色代表，是名副其实的富民产业、生态产业，对农民就业、农村稳定和社会主义新农村建设起到了重要作用。

一是经济效益显著。平谷区有10万农村人口主要经济收入来源于大桃生产，大桃产业与工业、旅游、文化等相关产业紧密结合，产生的综合经济效益更加突出。

二是生态效益突出。平谷区森林覆盖率为66.37%，林木绿化率71.26%，处于生态涵养发展区前列。其中，果树占林木绿化面积的48%，大桃占林木绿化面积的25%，使平谷成为北京市最大的花园，为生态绿谷建设发挥了重要作用。

三是社会效益巨大。平谷大桃成为了平谷区一张靓丽的名片。平谷大桃销往全国各地，并走出国门，远销至亚洲、欧洲和美洲。桃花成为平谷的区花，桃花节成为平谷区的固定节日。平谷大桃被评为全国知名商标品牌，被欧盟确定为进入其10个中国地理标志保护产品之一。

（一）平谷大桃生产规模的形成与发展

平谷区的桃生产具有悠久的历史。20世纪60年代以前，平谷区的桃主要是山区生产的毛桃。平谷大桃生产发源于后北宫村，由于后北宫村的土地均是薄沙河滩地，种植粮食低产低收，群众的生活水平非常低，是平谷区贫困村之一。70年代初，为了摆脱贫穷的境况，后北宫村党支部聘请北京农林科学院林业果树研究所的专家进行了实地考察，专家的结论是这种薄沙河滩地最适宜发展桃树。于是，后北宫村党支部顶着"以粮为纲"的政治压力，通过专家引进了优质桃树苗木和优质大桃品种，开始搞小规模的大桃生产。为了顶住政治上的"高压"，制定了"外圈"发展桃树，"内圈"发展粮食的灵活措施。同时，他们还建立了果品生产技术、农药化肥、水电设施、大桃销售等一系列服务组织，形成了一整套的服务体系，实现了大桃生产跨越式的起步，10年发展桃面积近2 500亩。由于大桃的发展，使后北宫村人均生活水平有了明显提高，群众对发展大桃有了充分的认识。可以说，专家对后北宫村土地的科学论断，后北宫村党支部的科学决策，是平谷区大桃产业形成的"根源"，没有后北宫村的大桃发展，就不会形成今天的平谷区大桃产业。

党的十一届三中全会以后，特别是1983年全国实行双层经营、家庭联产承包责任制后，后北宫村仅用两年的时间将全村5 000多亩土地全部栽上了桃树，成为了平谷第一个大桃生产专业村，而且取得了显著的富民效果。20世纪80年代中期，平谷在总结后北宫村大桃发展富民成功经验的基础上，提出了"山区要想富，必须栽果树""北果、南菜、中间粮""一家一亩果园，一户一名技术员"等一系列措施，走出了一条山区、半山区发展果品产业生态富民之路，从而推动了大华山、王辛庄、峪口、刘店、熊儿寨等乡镇的大桃发展。到80年代末，形成了集中连片的4万亩大桃生产基地，大大提高了这些地区的农民生活水平。当时，在一些干部、群众中，思想不是很统一。因为90年代平谷大桃出现滞销，黄超副市长带领市农口有关部门到平谷帮助解决大桃销售难问题。有人认为，平谷大桃面积已经

---

* 亩为非法定计量单位，1亩 =1/15公顷。——编者注

不小了，不应该再发展。如果再发展，万一出现滞销问题，不好向果农交代。而这个时期正是全国红富士苹果大发展时期，平谷果树产业该如何发展？

1.因地制宜，"大桃一品带动战略"的提出和实施，加快了大桃产业的发展　为了促进全县果品产业发展，实现果农增收致富，1991年初，平谷县委、县政府成立了平谷县果品办公室。果品办成立之初，开展了大量的调查研究，通过调查研究总结分析出平谷县发展大桃产业的依据：一是由于当时的大桃面积迅速扩大，而技术人员相对薄弱，果农的技术水平落后，使大桃生产粗放管理，果品质量差，造成滞销；二是经专家分析，平谷是适宜大桃发展的北限，发展大桃具有得天独厚的优势；三是根据市场规律，只有形成规模和总量，才能形成市场；四是大桃是消费者最喜爱的果品，当时，在全国的果树生产中又是小宗产品，全国大桃面积仅100多万亩，具有巨大的市场潜力；五是桃树相对苹果树易于管理，投入小、结果快、见效早，有利于果农尽快增收致富，而苹果树属于富贵树，投入大、结果晚、不易于管理。在调查研究的基础上，县委、县政府提出了实施"大桃一品带动果品产业发展战略"的科学决策。

为了推动全县大桃产业的发展，从1991年开始，平谷组织专家经过对山区、半山区长达半年的调查研究，在全市率先提出了山水林田路综合治理，顶坡沟立体开发，高标准规划一步成型到位，走生态经济型可持续发展的山区开发富民之路，提出并组织实施了"8515"山区综合开发工程，即开发80条千亩以上的经济沟，5条万亩经济川，10面千亩经济坡，一条50千米长的山前果树走廊，在平谷掀起了以经济沟开发为主要内容的山区综合开发高潮，实施了以大桃为重点的果树名特优品种发展的果品基地建设。在具体实施上，坚持了"三个三"的原则。

（1）坚持突出"三个效益"，即经济效益、生态效益和社会效益　使开发建设后的荒山、荒滩、荒沟，不仅成为能够直接产生富民效益的经济沟，还要成为防治水土流失、防风固沙、小气候明显改善的生态效益沟，更应成为具有优美环境和旅游观光价值的自然风景沟。

（2）实行"三高"，即高起点、高标准和高科技　高起点，就是对荒山、荒坡、荒滩、荒沟开发进行统一、科学、全面的规划、论证、设计，实施山水林田路综合治理，顶坡沟立体开发，对原有的老杂散劣果树进行脱胎换骨的彻底改造，做到一步成形到位。高标准就是坚持"一乡一品、一村一品、一坡一品、一沟一品"，基地化、区域化、优种化果品基地建设，开发一批，成形一批，见效一批。高科技就是引进推广燕山滴灌、爆破改土，建蓄水池、小水窖和"围山转"工程整地、果粮间作等综合配套技术，做到了大水小用、秋水春用、低水高用。引进发展具有市场竞争力的国内外名、特、优、新、稀品种，真正使高科技产品在山区综合开发中成为集成区、试验区和示范区。

（3）实行"三个结合"　即现代化的机械作业与人力投入相结合；专业队伍常年施工不下马与群众性集中突击相结合；平谷重点工程与乡村一般工程同时开发相结合。

通过山区综合开发，实践探索出了大桃山地旱作栽培模式，打破了一些专家提出的山地不能发展大桃的说法，使大桃栽植到海拔800米、1 000米的高山上，达到了高产、优质、高效，实现了大桃上山栽培，全区大桃上山栽培面积8万多亩。

通过"8515"工程的实施，平谷18.6万亩荒山、荒沟、荒滩得到了高标准开发，大桃面积以每年2万亩的速度增长，涌现出了小峪子、万庄子、鱼子山、东樊各庄、东马各庄、泉水峪、挂甲峪、关上、峨嵋山等一大批经济沟开发和山区综合开发先进典型，实现了大桃上山、入川、进滩，形成了桃树集中连片，水利配套连网，道路相互贯通的高标准大桃生产基地，建成了大华山、刘家店、王辛庄、镇罗营等10个大桃生产专业乡镇，128个大桃生产专业村，并且形成了各具特色的大桃生产专业乡镇和专业村。如建成了刘家店碧霞蟠桃第一镇，大华山油桃、黄桃镇，镇罗营镇大久保桃生产基地，南独乐河、金海湖等东部几个乡镇晚熟优质桃生产基地等。到2002年，平谷形成了22万亩大桃生产规模。

2.实施"科技兴果"和"人才兴果"发展战略，为大桃产业的发展提供了技术支撑　针对20世纪80年代平谷大桃产业发展速度过快，人才队伍和管理水平滞后的现状，1992年，平谷提出了依靠"科技兴果"和"人才兴果"，促进大桃产业发展的思路。

（1）**外聘科技人员，借脑兴业** 1992年，聘请北京市林业局副局长、中国北方果树专家组组长闪崇辉、北京农林科学院林业果树研究所王以莲研究员等12名全国著名的果树专家，组建了"平谷县果品产业高科技智囊团"，直接参与平谷的果品生产，每年都要召开高科技智囊团成员会议，借鉴国内外先进的果树管理经验，结合平谷的实际，研究制定果树发展思路，帮助平谷引进人才、引进技术、引进品种。随后，先后与中国科学院、中国农业大学、中国农业科学院、北京市农林科学院、河北农林科学院等国内15家科研院所、大专院校建立了密切的技术合作关系。靠感情吸引、政策吸引、事业吸引先后将国内外60名果树专家吸引到平谷。这些专家中，有北京农学院院长王有年，大桃栽培专家李绍华，设施大桃专家赵景秀，大桃育种专家张克斌、姜全，全国著名的植保专家陈策和韩国有机果品专家韩南容等。通过与科研院所、大专院校的合作和高科技人才的引进，促进了科技成果的转化，为平谷大桃产业的发展发挥了重要作用。例如，与北京农林科学院林业果树研究所建立了密切的技术、品种合作关系，使平谷成为北京农林科学院林业果树研究所大桃品种中试基地，北京农林科学院林业果树研究所培育的200多个优新品种在平谷进行中试，不但为平谷储备了大桃优新品种资源，而且一大批优新品种在平谷得到了大面积发展，具有了品种优势。与北京农学院共同开展的科教兴村活动，建起了150多个科技文化大院，通过引进新技术、新品种，引进人才、培养人才，提高了果品生产科技管理水平，使平谷成为了"全国科教兴村先进县"。

（2）**狠抓果农的技术培训，努力提高广大果农的科技素质和科技管理水平** 总结出了专家授课、百人讲师团巡回讲课、大桃知识竞赛、观摩学习、现场培训、电视台专题讲座、开通热线咨询电话、组织科技致富能手巡回报告等一整套科技培训、推广、咨询的形式和方法，每年举办各类果树技术培训班1 000多期，培训果农10多万人次，下发技术资料10多万份，组织果农观摩学习6万多人次。通过技术培训，使果农的科技素质有了明显提高。

（3）**大力推广优新技术** 在平谷先后引进推广了疏花芽、疏蕾、疏花、疏果、果实套袋、生物物理防治病虫害、土壤配方施肥等20多项综合配套集成技术，实现了大桃生产由数量效益型向精品效益型的根本性转变。

（4）**狠抓科技研究，解决生产中存在的技术难题** 完成了"桃树综合配套技术""平谷区桃产品质量及生产技术规程标准示范与推广""日光温室桃优质高效关键技术研究与示范"等70多项科研、技术推广项目，先后攻克了桃芽坏死病、大桃裂口病、桃树流胶病、桃细菌性黑斑病等严重影响大桃生产的技术难题，有40余项获得北京市科技进步奖、星火奖、推广奖，累计科技增收10多亿元，不但增加了果农收入，而且使果品生产的科技含量有了明显提高。其中，"平谷区桃产品质量及生产技术规程标准示范与推广"项目和"日光温室桃优质高效关键技术研究与示范"项目获得了京郊区县果品生产仅有的两个北京市科技进步二等奖，有6项科技推广项目获得了北京市科技推广一等奖。

3.实施"大桃周年生产战略"，促进反季节设施桃发展 为了实现大桃周年供应，满足市场需求，从1994年开始，平谷积极进行设施桃栽培技术攻关，在京郊第一个开展温室桃栽培技术研究与示范，获得了巨大成功。经过专家的指导和几年不懈的努力，筛选出20多个适宜设施栽培的优质桃品种，研究制定出一整套成熟的设施桃栽培技术，经权威部门专家论证，管理技术达到国内领先水平。设施桃最高亩产3 650千克，创全国亩产最高；设施桃最大单果重700克，创全国设施桃单果重最大；大久保桃采取设施栽培，属全国首创。为将设施桃技术进行推广，平谷采取政策驱动、典型带动、科技拉动等一系列有效措施，提高果农发展设施桃生产的积极性。平谷设施桃总面积曾达到8 000亩，涌现出了放光、白各庄、鱼子山、崔庄子、兴隆庄、东鹿角等一批高标准设施桃园区。设施桃的发展，使平谷大桃上市时间从6月下旬提前到3月底。夏各庄镇纪太务村的果农屈海全，种植的1.3亩地温室大桃，通过综合运用稳定树势、改良土壤、果品增甜着色和生态植保等十几项示范技术，温室桃收入高达24.6万元，除去开支2万元，净挣22.6万元，其中，一棵有23年树龄、被称为"桃树王"的大久保，收入超过3.3万元，创世界纪录。

4.实施标准化生产战略，带动大桃产业发展 从1999年开始，平谷在北京市率先实施了大桃标准化生产，经平谷县果品办、科委、农委、技术监督局等部门通力合作，研究制定了"桃产品质量及生产技术规程标准"。平谷开展了"大桃标准化知识大奖赛"和"千场标准化技术大培训"等活动，普及桃标准化技术。通过县、乡镇、村三级开展"大桃标准化知识大奖赛"和大培训活动，有力地促进了大桃标准化生产，建成了10万亩桃标准化基地，成为全国最大的农业标准化示范区，使平谷大桃产业标准化生产走在了全国前列。

5.实施大桃精品战略，促进大桃产业升级　到2000年，平谷大桃面积稳定在22万亩，开始转型向提质增效方向转化。为提高大桃市场竞争力，提出了"以有机果品为先导，绿色果品为主体，安全果品为基础"的精品果生产战略。推广了测土配方施肥、高光效树体结构调整、长枝修剪、疏花芽、疏花疏果、果实套袋、增施发酵腐熟有机肥、倒拉枝、高培垄整地、覆盖黑地膜、清园、喷打石硫合剂、悬挂糖醋液、性诱剂、安装频振式杀虫灯、释放天敌等农业、物理、生物病虫害防治技术等40余项综合配套技术；筛选低毒、无毒的矿物源和植物源农药，为果农提供实用、高效农药，杜绝剧毒、高残留农药的使用；组建了区、乡镇、村三级病虫害预测预报网络；建立了病虫害实验室。全区建成了11万亩无公害大桃生产基地，10万亩绿色大桃生产基地，1万亩有机大桃生产示范区，2.3万亩大桃增甜示范园，全区大桃精品果率达到75%以上。

在大桃品种结构调整上，提出了建设水蜜桃大区、蟠桃大区、油桃大区的发展思路，推广红蟠、黄蟠等优质蟠桃品种，面积3万多亩；推广瑞光18号、瑞光19号等优质油桃品种，面积2万多亩；推广谷红2号、白凤、清水白桃等优质水蜜桃品种，面积2万多亩；推广华玉、早玉等优质白桃品种，面积1万多亩。通过新品种的引进和推广，使平谷大桃品种结构日趋优化，市场竞争力不断增强，经济效益明显提高。

6.推广大桃提质增效的五大关键技术

（1）果实套袋技术　2000年年初在刘家店镇万家庄村和刘家店村的蟠桃园进行果实套袋试验，获得初步成功。2001年，在刘家店镇刘店村实施了"1553"科技富民工程，即蟠桃果实套袋1000万个，蟠桃单果重在0.25千克以上，生产套袋蟠桃2500万千克，人均收入增加3000元。当年，就获得了巨大成功，刘家店村人均收入增加3300元。随后，加大了套袋技术推广力度，由蟠桃逐步向油桃、白桃方向试验、示范推广，利用10年的时间，平谷实现了全园果实套袋。果实套袋技术不但起到了使果面洁净，色泽艳丽；减少打药次数，减轻病虫危害，提高果实的安全性；减轻冰雹伤害的作用，更重要的是增加了果农的经济效益，相同条件下的套袋桃比不套袋桃增加2~3倍的收入。

（2）树体结构调整和长枝修剪技术　由于实施家庭联产承包责任制过程中，土地分配过于分散，果农管理桃树中竞相争地，再加上过去追求桃早产、早丰，造成桃树栽植过密，修剪过重，使树体大枝过多、过于直立，通风透光差，影响了大桃风味。为了适应果品市场发展的需要，实现由产量效益型向质量效益型的转变，2003—2004年，聘请中国农业大学李绍华教授开展了高光效树体结构调整和长枝修剪试验示范，提质增效效果明显。自2005年，平谷区着手技术革新，以去掉部分大骨干枝，推广桃树骨干枝调整、隔株或隔行间伐、长枝修剪技术为重点，并且，政府制定了相应的补贴政策，解决桃树郁闭问题，提高果实综合品质。在全区广泛发动，展开了一个个大规模的骨干枝调整、长枝修剪技术培训，全面实施此项技术。经过3年的推广，桃树长枝修剪技术得到全面普及，高标准完成桃树高光效树体结构调整10万亩。

（3）施用发酵腐熟有机肥技术　土壤有机质低是平谷大桃生产存在的主要问题之一。要生产优质果品，土壤有机质含量最高超过2%，而全区大部分果园土壤有机质含量为0.6%~1.0%，直接影响了果实质量，施用腐熟有机肥是增加土壤有机质含量，提高桃品质的关键措施。施用腐熟有机肥与未腐熟有机肥相比具有以下优点：肥效快、肥效高；避免了烧根；减轻了土壤中病虫的发生和危害；有利于土壤中有益微生物的繁殖，提高土壤养分利用效率；减少了对土壤的污染，净化了环境；有利于土壤团粒结构的形成。发酵腐熟有机肥技术的推广，实现了平谷区桃园施肥的3个变革，即变直接施用生畜禽粪为施用发酵腐熟有机肥；变表面施肥为挖沟深施肥；变春季施肥为秋季施肥。

（4）**大桃增甜关键技术** 2009—2013年，平谷区实施了大桃增甜工程，推广普及了高培垄整地覆盖黑地膜、倒拉枝、施用钾肥等大桃增甜关键技术。7、8月是平谷区集中降雨的月份，园内积水如果不及时排出，不仅影响到桃果的甜度，还会加重病虫害的发生，因此，此时期桃园的排水沥水是关键，采取高培垄覆黑地膜技术有明显效果。倒拉枝技术能够有效地改善通风透光条件、稳定树形，防止因果实重量造成主枝下垂、树体郁闭，保证树体和果实正常生长，同时，还能够降低园内湿度，减轻病虫害的发生，减少打药次数。目前，全区共建成2.3万亩大桃增甜示范园。

（5）**细菌性黑斑病的防控技术** 桃细菌性黑斑病是一种传染性极强的果实病害，主要危害果实、叶片和枝梢，造成果实黑斑，失去商品价值；造成叶片穿孔早落，影响果品质量和树势。河北乐亭是我国一个著名的大桃产区，由于桃细菌性黑斑病的发生，再加上防治措施不力，给乐亭大桃产业造成了毁灭性灾害，同时，桃细菌性黑斑病已传入平谷区。2004年，平谷区果品办积极组织植保专家陈策先生进行试验示范，并筛选出了合适药剂。并于2013—2016年连续4年采取政府补贴的方式对全区结果桃园进行实行重点时期统一药剂、统一时间、统一标准的联防联治，下大力气控制桃细菌性黑斑病的发生、发展，为实现平谷大桃产业可持续发展奠定了坚实基础。

7.大桃产业发展中创新了三大服务体系

（1）为了解决家庭联产承包责任制技术推广难问题，2003年，区果品办与乡镇一起在128个大桃生产专业村成立了128个科技骨干服务队，队员1041人，选拔村里有一定知识、有责任心、技术管理水平较高，收入较高的果农加入科技骨干服务队。这支队伍通过传、帮、带作用，促进了优新综合配套技术在10多万果农中的推广普及。

（2）峪口镇西营村"党支部＋专业合作社＋果农"的"三结合"经营机制和实行产前、产中、产后"六统一"管理模式，全村实现了大桃亩效益1.54万元。

（3）刘家店镇寅洞村支部书记抓两委班子成员，两委班子成员抓科技骨干服务队，科技骨干服务队服务果农的"金字塔"式管理模式，实施统一普打石硫合剂、统一高培垄整地等"八统一"技术措施，促进了综合配套技术的推广普及，全村精品果率达到85%以上，亩效益达1.4万元，人均大桃收入突破2万元。

8.实施高效高密植现代化果园建设，实现大桃产业新跨越 结合平谷果品生产中存在的农村劳动力日趋老龄化、机械化程度低、劳动力成本高等诸多问题，平谷积极探索新的经营体制、栽培模式和栽培技术。2013年春天，在大华山镇挂甲峪村、镇罗营镇上镇村、金海湖镇郭家屯村、峪口镇西营村、山东庄镇鱼子山村、平谷镇埝子峪村等村和区果品产业协会基地建成2000亩"高密植、高产量、高效益"的标准化、规模化、集约化、现代化新型果园，包括桃园、梨园、苹果园和樱桃园，这些示范园的建设为平谷果业发展增添了新亮点。高效现代化示范果园实现了3个方面的创新：一是经营体制的创新，通过采取土地流转的方式，将土地收归村集体或承包大户，上镇村、郭家屯村、西营村、挂甲峪村探索了集体经营果园模式，西樊各庄村、鱼子山村探索了种植大户经营果园模式，这为平谷区果品生产实现标准化、规模化、机械化和集约化管理创造了有力的条件；二是栽培模式的创新，采取株行距1米×3米高密植栽植，每亩株树达222株，采用独立主干树形，有利于机械化管理；三是栽培技术的创新，探索早产早丰、省工省力栽培技术，让管理技术更加简化，百姓更容易接受、掌握。

（二）大桃产业的发展与综合开发

1.市场建设 20世纪80年代以前，平谷没有一个成型的果品批发市场，果品全靠果农走街串巷、赶集零售，到1985年，渐渐过渡到了大部分交易活动在田间地头完成。为适应大桃产业的迅速发展，1986年兴建了后北宫大桃专业批发市场，其后又先后涌现了乐政务、前北宫、大华山等十几个卫星市场，这些市场以产地为依托，靠穿越主要产区的公路干线相连，基本上覆盖了全区果品主产区，并且不断完善市场经营体系和软硬件建设。后北宫大桃专业批发市场成为了全国最大的桃产地批发市场。随着平谷大桃生产规模的迅速扩大和产量的迅速增加，原有的市场已经不能满足大桃的交易，出现了道路堵塞，欺行霸市，管理不规范等问题，为此，县委、县政府经过研究，决定加强有形市场建设，规范市场行为。1997年，在前北宫村废弃窑地旧址，投资5 500万元建成了占地380亩的平谷大桃批发交易市场，成立了平谷大桃批发市场管理委员会。同时取缔了原有的卫星市场。经过几年的运营，平谷大桃批发交易市场不能满足全区的大桃交易和果农的需求，为此，又先后批复建设了胡庄、峪口、南独乐河、黄松峪、夏各庄、镇罗营等15个分市场。分市场统一由平谷大桃批发市场管理委员会协调管理。

批发交易市场具有以下方面的作用：一是提高了平谷大桃在国内市场上的竞争力；二是提高了平谷大桃的知名度，打开了市场；三是以市场为依托，建成了面向全国的信息网路系统；四是带动了干鲜果品的销售和发展；五是带动了果品加工业的发展；六是带动了平谷果品运输业的发展；七是带动就业发展；八是带动了餐饮服务业和包装业的发展。

随着平谷精品大桃的增加和观光果业的发展，近些年来，平谷大桃交易市场又发生了一定的变化，桃园交易占有了50%的份额。一是机关、企业、学校直接到桃园采购精包装精品大桃；二是销售合作组织全园订购果农大桃，直接进入市场；三是销售合作组织按需求的质量和数量直接到果农果园采摘，然后进入商超销售；四是销售组织将单层包装箱发给果农，果农按质量要求直接装箱、装车；五是观光采摘者直接进桃园采摘；六是果农的桃树采取分期分批采摘，精品地头交易，中下等果进入市场销售。目前，精品大桃几乎在桃园中直接交易，中下等桃在市场交易。

2.大桃营销　1999年以前，平谷大桃主要销往五大市场，其中，销往东北市场的占40%，销往首都市场的占30%，销往加工市场的占15%，销往南方市场的占10%，销往国际市场的占5%。大桃销售以东北、广州、深圳、昆明等外埠客商为主，本地商贩为辅。平谷从事销售人员有两种形式，一是以中介服务为主，为外埠客商坐地收桃；二是以小本经营的小商小贩走街串巷进行零售。2000年，平谷县提出了主攻首都市场，狠抓南方和华中市场的大桃营销战略。

（1）开展形式多样的宣传、展销活动　2000—2002年，连续三年在北京金街王府井组织了三届"绿都平谷精品大桃展示会"，取得了良好的社会效益和客观的经济效益。2002年8月初，在上海金街南京路举办了平谷精品大桃展销活动，起到了很大的轰动作用。2003年春，"非典"疫情发生，平谷大桃销售面对严峻考验，为此，平谷区委、区政府采取应急措施，实施了"平谷大桃销售有奖兑现政策"，在全区6个出境主要路口设立大桃销售兑奖站，按车的吨位和装载量给予奖励兑现。同时，制定了"一卡不设、一车不查、一分不罚、一路绿灯"的"四个一"政策，有力地促进了大桃销售，当年，桃农不但没有减收，反而实现了增收。2003年，在北辰购物中心举办了中秋精品仙桃展卖会，平谷区委、区政府领导将绿色平谷精品仙桃赠送给北京奥组委副主席蒋效愚和中国著名的体育健将邓亚萍。同时，此次展销会，推出了系列"寿"桃包装产品，以满足广大老年人的需要。2005—2007年平谷区参加了北京市举办的奥运果品评比活动，均取得了好成绩：2005年，在北京首届奥运安全优质果品评选推荐会上，荣获大桃所有奖项，包揽5项最佳安全优质果品奖；2006年，大桃获一等奖17个、二等奖28个、三等奖45个；2007年平谷区选送了70个大桃样品，获一等奖10个，二等奖19个，三等奖34个。2006—2007年，平谷区鼓励农民合作组织在城八区建立了80个大桃直销店。2009年、2010年，平谷区成功举办了两届"平谷大集进京城暨平谷区农副产品展览会"活动。其中每天的大桃销量达15余万千克，近200万元。除此之外，随着"平谷大集进京城"活动的火爆升温，拉动了区内大桃价格的上扬。据统计，以大桃为代表的农副产品，销售价格较展会前上涨10%～20%，使农民得到了实实在在的经济效益。2011—2013年，平谷区开展了平谷鲜桃采摘季活动，并实施"三百"对接工程，以桃为媒，开展百家企业对接百个大桃专业村、百家超市对接百个合作社、百位名人对接百个科技示范户等一系列交流活动。通过"三百对接"，企业团购、采摘等多种形式每年销售平谷大桃2 000余万千克。

（2）加大自身销售队伍的培育　2005年实施了精品战略、营销战略和综合开发"三大战略"，进一步壮大自身销售队伍建设。当时，平谷区拥有各种类型的运销合作组织163个，从事果品运销人数累计达1 000多人，销售果品总量占全区40%以上。目前，全区销售人员达3 000余人，销售量达到总销售量的60%，外埠客商销量占40%，平谷大桃不仅在国内销售，还销往亚洲、欧洲、美洲的一些国家。在销售形式上，逐步探索出了进超市销售、社区销售、店外店销售、进机关厂矿敲门销售、大桃配送、市场批发、城区零售等多种形式。

3. 品牌建设　2001年7月，平谷向国家工商总局商标局申请注册了"平谷"证明商标，2002年12月正式取得"平谷"证明商标专用权。为切实使用和保护好"平谷"证明商标，区政府授权平谷区果品办出台了《平谷证明商标使用管理规则》和《平谷证明商标使用保护管理办法》，对"平谷鲜桃"实行统一标识、统一营销策划、统一商品质量标准、统一包装设计制作的规范化管理。开发了精品、生日、礼品、贮运4个系列40多种"平谷鲜桃"包装，还开展了全方位、多层次的品牌宣传，并依托市、区工商执法部门严厉打击假冒"平谷鲜桃"产品和仿冒"平谷"证明商标包装的违法倾销行为，树立并维护了平谷大桃的市场形象。2006年，平谷大桃成为世界地理标志保护产品，"平谷"大桃证明商标在2009年度中国第三届商标节上，被评为"最具竞争力的地理标志商标"。平谷大桃被国家质检总局授予"欧盟地理标志保护产品"，与中国龙井茶齐名，被欧盟确定为进入欧盟10个中国农产品之一，成为欧盟地理标志保护产品，这标志着平谷大桃可直接进入欧盟市场销售。2012年4月被国家工商总局认定为"中国驰名商标"，成为目前全市唯一一个同时拥有原产地证明商标和驰名商标的农副产品。

"平谷"证明商标的推广，使区内有关单位、果品企业、合作组织认识到了品牌的重要性。目前，平谷区已注册了"碧霞""桃乡""桃花""国桃""御园""皇城""金海湖""绿谷丰""双营"等20多个具有一定影响力和知名度的大桃商标，与"平谷"证明商标组合使用。

4. 大桃加工　从20世纪80年代中期开始，依托大桃生产基地，平谷区先后投资建成了平乐、华邦、泰华等6家果品加工企业，年加工果品能力10万吨，产品种类包括桃汁、桃浆、桃酒、桃醋、桃罐头、桃脆片等系列产品，加工产品销往国内20多个省份，并销往日本、韩国、美国等东南亚和欧美市场。同时，创出了华邦、泰华等一批市场品牌。加工企业收购的平谷大桃占15%以上。2000年以后，随着市场的变化，平谷的果品加工业逐步萎缩。目前，平谷区培育和扶持的果品加工企业有3家，北京泰华食品饮料有限公司、乐天华邦（北京）饮料有限公司和北京大华食品有限公司，以加工果品原浆、浓缩浆（汁）、罐头、果汁饮料为主，年加工各种大桃产品22 000余吨。

附件：中国大桃之乡——转自《知平谷，爱家乡》干部读本

平谷为中国著名桃乡，拥有世界最大的桃园。

平谷三面环山，中为平川谷地。平川谷地由洵河、泃河冲击淤积而成，属瘠薄的沙质土壤，富含钾元素。三面环山形成平谷独立水系，资源丰富。另外，平谷昼夜温差大，日照充分。这些独特优势，使平谷适宜大桃等果树生长。

平谷种植桃树历史悠久。如刘家店镇旧为怀柔属地，明万历《怀柔县志》"土产·果类"记载："桃（各种）。"后北宫、峪口一带过去为三河所辖，清康熙《三河县志》"土产"记载："果类凡十有七，桃有数种。"在17类果树中，将桃树列为首位。民国二十三年《平谷县志》"物产·植物"："金桃，五六百斤[*]。秋桃，七八千斤。宣桃，八九千斤。麦熟桃，五六千斤。以上桃类销路均在本县。"这是仅就志书所记，志书以前民间应该就种植桃树了，源于何时已不可考。专家曾对新石器时代的上宅遗址进行环境考古，做孢粉分析，发现23个种属的孢子、花粉和藻类，其中木本植物花粉有松、栎、栗、榆、桦、桤木、榛、鹅耳枥和椴，没有桃树花粉，至少说明六七千年前这一带还没有桃树。直至20世纪60年代以前，平谷的乡村院落及山区主要是零散种植的毛桃，不成规模，且不具影响，完全是自然生长。

平谷大桃有组织的种植，始自大华山镇后北宫村。后北宫村位于平谷北部，临山，土地为薄沙河滩地，种植粮食低产低收。20世纪70年代初，为摆脱贫穷，村里聘请北京农林科学院林业果树研究所的专家考察，认为这种薄沙河滩地最适宜发展桃树。村党支部顶着"以粮为纲"的政治压力，通过专家引进优质桃树苗木和优质大桃品种，以"外圈"发展桃树、"内圈"发展粮食的灵活措施，进行小规模大桃种植。同时，他们还逐步建立果品生产技术、农药化肥、水电设施、大桃销售等一系列服务组织，形成一整套服务体系，实现了大桃生产跨越式的起步。10年间，发展桃面积近2 500亩，也使村人均生活水平有明显提高。

20世纪80年代初，全国实行双层经营、家庭联产承包责任制后，后北宫村仅2年就将全村5 000多亩土地全部栽上桃树，成为平谷第一个大桃生产专业村。20世纪80年代中期，县委、县政府总结后北宫村大桃发展富民成功经验，提出"山区要想富，必须栽果树"、"北果、南菜、中间粮"等一系列措施，推动了大华山、王辛庄、峪口、刘家店、熊儿寨等乡镇的大桃发展。到80年代末，形成集中连片的4万亩大桃生产基地。1990年，平谷大桃出现滞销，市领导来帮助解决销售难问题，致使一些干部群众认为平谷的大桃面积已经不小了，不宜再发展。

1991年初，县委、县政府成立果品办公室，经深入调查，认为由于大桃面积迅速扩大，而技术人员相对薄弱，果农技术水平落后，致使大桃生产管理粗放，果品质量差，造成滞销。根据市场规律，只有形成规模和总量，才能形成市场。当时全国大桃面积仅100多万亩，应该具有巨大的市场潜力。县委、县政府制定实施"大桃一品带动果品产业发展战略"的科学决策，在北京市率先提出山水林田路综合治理、顶坡沟立体开发、高标准规划一步成型到位、走生态经济型可持续发展的山区开发富民之路，实施以大桃为重点的果树名特优品种发展的果品基地建设。探索大桃山地旱作栽培模式，使大桃栽植到海拔800米、1 000米的高山上。平谷18.6万亩荒山、荒沟、荒滩得到了高标准开发，大桃面积以每年2万亩速度增长，形成桃树集中连片、水利配套连网、道路相互贯通的高标准大桃生产基地，建成大华山、刘家店、王辛庄、镇罗营等10个大桃生产专业乡镇，128个大桃生产专业村。实施"科技兴果"和"人才兴果"发展战略，外聘科技人员，狠抓果农技术培训，推广优新技术，为大桃产业发展提供技术支撑。

为实现大桃周年供应，满足市场需求，从1994年开始，在京郊第一个开展温室桃栽培技术研究与示范，筛选出20多个适宜设施栽培的优质桃品种，管理技术达到国内领先水平。设施桃最高亩产量

---

7 300斤，创全国亩产最高；设施桃最大单果重700克，创全国设施桃单果重最大；大久保桃采取设施栽培，属全国首创。设施桃的发展，使平谷大桃上市时间从6月下旬提前到3月底。自1999年起，北京市率先实施大桃标准化生产，研究制定"桃产品质量及生产技术规程标准"，建成10万亩桃标准化基地，成为全国最大的农业标准化示范区，走在全国前列。到2000年，开始转型向提质增效方向转化，提出"以有机果品为先导，绿色果品为主体，安全果品为基础"的生产战略，注重抓好果实套袋技术、树体结构调整和长枝修剪技术、施用发酵腐熟有机肥技术、大桃增甜关键技术及细菌性黑斑病的防控技术等五大关键技术，为实现平谷大桃产业可持续发展奠定坚实基础。

平谷以大桃产业为主的果品产业已成为全国农业产业结构调整的特色代表，是名副其实的富民产业、生态产业。经济效益上，平谷有7万多农民从事大桃生产，有10万农村人口主要经济收入来源于大桃生产，成为农民生产生活的主要经济来源。大桃产业与工业、旅游、文化等相关产业紧密结合，产生突出的综合经济效益。生态效益上，平谷森林覆盖率为64.94%，林木绿化率69.75%，处于生态涵养发展区前列。其中，果树占林木绿化面积的48%，大桃占林木绿化面积的25%，使平谷成为北京市最大的花园，为生态绿谷和幸福平谷建设发挥了重要作用。社会效益上，大桃成为平谷区一张靓丽的名片，销往国内多个省份，并远销到欧洲及美国等国家和地区，在国内外具有较高的知名度。桃花成为平谷的区花，桃花节成为平谷区的固定节日。平谷大桃被评为全国知名商标品牌，被欧盟确定为进入其10个中国地理标志保护产品之一，2012年被国家工商总局认定为"中国驰名商标"，成为目前北京唯一一个同时拥有原产地证明商标和驰名商标的农副产品。

平谷大桃产业历经30余年发展，面积已达22万亩，总产量2.56亿千克，总收入11.8亿元。拥有白桃、油桃、蟠桃、黄桃四大系列，218个品种，主栽40多个品种，从3月底至10月底均有鲜桃上市。平谷大桃在全国农产品博览会、中国名特优新产品博览会、世界园艺博览会，分别荣获"金奖""中华名果""名牌产品"等多种荣誉。2000年，国家林业局、中国经济林协会授予平谷县"中国名特优经济林——桃之乡"称号；2001年，中国果树专业委员会授予平谷县"中国桃乡"称号；2002年，上海大世界基尼斯总部授予平谷"大世界基尼斯之最——种植桃树面积最大区（县）"称号；2007年，全国优质安全农产品基地推荐评审委员会授予平谷区"首届全国优质农产品十大生产基地——平谷大桃"称号。如今，平谷大桃独步天下，享誉中外。

二、平谷区大桃产业规划

（2016—2020 年）

（一）平谷区大桃产业发展现状

平谷区的大桃产业经历了30多年的发展历程，成为了中国著名的大桃之乡，世界最大的桃园，面积为19.4万亩；2016年总产量3.1亿千克，年总收入13.5亿元，占北京市大桃收入的80%左右，占平谷区农业总产值的34.0%。全区3.5万户桃农近10万人从事大桃生产，户均收入3.9万元，人均大桃收入1.35万元。另外，全区有3 000余农民从事果品营销，每年销售收入1.5亿元。

以大桃产业为主的果品产业已成为全国农业产业结构调整的特色代表，是名副其实的富民产业、生态产业，对农民就业、农村稳定和社会主义新农村建设起到了重要作用，产生了良好的经济、生态和社会效益，产业优势比较明显。

1.经济效益显著　平谷区有10万多农民主要经济收入来源于大桃生产，对全区农民就业、农民增收、农村稳定起到重要作用。特别是大桃产业与工业、旅游、文化等相关产业的紧密结合，产生的综合经济效益更加突出。

2.生态效益突出　2016年平谷区森林覆盖率为66.37%，林木绿化率71.26%，处于生态涵养发展区前列。其中，果树占林木绿化面积的48%，大桃占林木绿化面积的25%，经国家林业局评估，其生态效益达40多亿元，极大地改善了生态环境，使平谷区成为北京市最具魅力的天然氧吧，为全区生态绿谷和幸福平谷建设发挥了重要作用，同时为建设天蓝、地绿、山青、水净的美丽平谷奠定了坚实基础。

3.社会效益巨大　由于平谷大桃产业成绩突出，富民效果明显，被国家有关部委授予诸多荣誉称号。农业部先后授予"中国优质桃基地县""中国桃乡""全国绿色食品大桃基地""中国名牌农产品"等称号；林业部先后授予"中国名特优经济林——桃之乡""全国经济林建设先进县""全国山区综合开发先进县"等称号。国家质检总局先后授予"全国大桃标准化生产先进区""地理标志产品保护示范区""地理标志产品保护"等称号。上海大世界基尼斯总部授予"世界栽培桃树面积最大区（县）"称号。在国家工商总局注册了"平谷+图形"证明商标。平谷大桃不仅销往国内多个省份，而且在国外具有了较高的市场知名度，成为平谷区对外招商引资独特的资源。平谷大桃成为了平谷区一张最靓丽的名片，社会效益非常显著。

4.桃产业发展特色明显

（1）平谷大桃以其规模和优良的品质，获得了众多的荣誉和美誉　在全国农产品博览会"中国名特优新产品博览会、世界园艺博览会，荣获"金奖""中华名果""名牌产品"等荣誉；在香港电视台举办的水果鉴评会上评为"口味最佳"；每年国庆节，被摆在天安门城楼供各界来宾享用。在2005年北京奥运安全优质果品评选推荐会上，平谷区包揽22项大桃所有奖项，其中荣获5项最佳安全优质果品奖。在2006年北京奥运推荐果品评选活动中，平谷区大桃荣获一等奖17个、二等奖28个、三等奖45个。在2007年全国2008年北京奥运推荐果品评选活动中，大桃获一等奖10个，二等奖19个、三等奖34个。

（2）平谷区大桃面积大，优种多，上市时间长　在大桃品种格局上，建成了3个大桃优新品种中试基地和示范园，具有普通桃、蟠桃、油桃、黄桃四大系列，200多个品种。培育、筛选出了40多个优新品种，形成露地桃规模生产，主要有早露蟠、庆丰、早凤王、京红、大久保、京玉、燕红、京艳、华玉、八月脆、艳丰1号、碧霞蟠桃等，早、中、晚熟品种合理搭配。筛选出了20多个适宜设施栽培的优质桃品种，发展设施桃面积8 000亩，上市时间从3月底延续到6月中旬，与露地早熟桃相对接，使平谷区从3月底至10月底均有鲜桃上市，实现了三季有鲜桃。

（3）平谷区绿色安全大桃在国内、国际市场成为抢手货　研究制定了《桃产品质量及生产技术规程标准》，建成了10万亩大桃标准化基地，成为全国大桃标准化生产示范区。建成了10万亩绿色食品桃生产基地，11万亩无公害桃生产基地，1万亩有机桃生产示范区。套袋桃经亚洲食品安全研究中心株式会社所属青岛食品安全研究所进行80种残留农药检测，全部达到了《日本食品卫生法》对桃的安全标准。

（4）平谷区着力塑造品牌形象，打造中国一流、世界一流的知名品牌　平谷区通过在北京金街王府井举办展销会，在上海南京路举办展示会，举办平谷国际桃花节和北京平谷金秋采摘节等系列活动，参加国际和中国农产品博览会、展销会、促销会，利用广播、电视、网络、报刊等宣传媒体，大力宣传平谷大桃。顺势推出了"国桃"理念。设计、开发了生日、礼品、旅游、运输四大系列40种样式的新型大桃包装。品牌的塑造有效提升了平谷大桃在国内外的知名度。

（5）平谷区全面实施综合开发，提升大桃产业品位，努力把大桃产业做大、做强、做特，实现大桃产业可持续发展　自古以来，桃就被视为吉祥之物，人们常以桃祝寿、以桃祈福，桃花又是繁荣、幸福、和谐、喜庆、热烈的象征，桃木还被人们做成驱邪避鬼的法器。为此，平谷区努力发掘大桃产业的精神文化功能，聘请区内外艺术家，创作了京剧《大桃熟了》、大型评剧《桃花盛开的地方》等一系列话剧、诗歌、散文作品，举办了摄影、书画、对联等多种以桃文化为主的比赛，丰富了平谷桃文化的内涵，扩大了平谷大桃的社会影响。

桃果实营养丰富，桃仁有活血祛淤、润燥滑肠、防治高血压等功效，桃花、桃叶、桃根等都可入药，具有保健的功效。为此，平谷区充分挖掘这些功能，开发保健产品。利用超临界萃取技术、冰冻生化技术、超微粉碎技术等20多项高新技术，把大桃的深加工细化到了分子结构。一棵桃树全身是宝，桃花、桃果、桃叶，甚至是榨汁之后的废弃物桃渣都成了深加工的原料，可加工出桃酒、桃花茶等百种产品。桃花经过生物萃取提炼成桃花精油，制成软胶囊。另外，开发了桃休闲食品、保健品、调味品、食品添加剂、工艺品等；从桃渣中提取的膳食纤维，被称为第七大营养，每千克的售价上万元。

平谷区大桃产业虽然取得了显著的经济、生态和社会效益，成为了10万果农的主要经济来源，但大桃产业的效益和功能并没有完全释放出来，还潜在着巨大的增收潜力。特别是在首都高消费群体的市场开发方面，还远远不够。平谷在精品桃的销售目标是充分发挥首都优势，主攻首都市场，狠抓四个层面的销售：一是批发市场方面的销售；二是超市层面的销售；三是机关、厂矿团购、特供层面的销售；四是社区层面的销售。积极探索进超市销售、社区销售、专卖店销售、进机关厂矿敲门销售、市场批发及城区零售等销售形式。

5. 科技支撑力量雄厚　平谷大桃靠科技支撑和效益驱动充满生机和活力。与中国科学院、中国农业大学、北京农学院、北京市农林科学院林业果树研究所、河北省农林科学院石家庄果树研究所、中国农业科学院郑州果树研究所等国内15家科研院所、大专院校建立了密切的技术合作关系；外聘60多名果树知名专家为技术顾问；培养出20多名推广研究员、高级农艺师和农艺师等自有科技人才。坚实的科技后盾和科技人才队伍，使树体结构调整得更加合理，疏花芽、疏蕾、疏花、疏果、定果，果实套袋，增施腐熟有机肥，生物、物理防治病虫害等40多项综合配套集成技术在生产中得到推广普及，生产出的大桃味甜、个大、色艳、无公害，深受广大消费者的欢迎，在市场中形成了较强的竞争力，取得了较好的经济效益。夏各庄镇果农屈海全，种植1.3亩扣棚的温室桃，用上了十几项示范技术，亩效益达到24.6万元。

"十三五"期间，平谷区将紧紧围绕"幸福平谷建设"这一重要工作布署，牢固树立大桃为主导产业的基础地位，把创新作为推动产业发展的驱动力，坚持在发展中创新，在创新中发展的原则，加快产业增长方式转变和产业结构调整，深入挖掘产业增收潜力，确定果品产业栽培有机化、优新品种多样化、果园公园化、销售配送化的"四化"发展方向，大力发展产业化、功能化都市型现代果业，促进一、二、三产业的有机融合，办好幸福农民的绿色扎根企业，实现产业可持续发展，果农持续增收。

6.大桃产业具有独特的区位优势　大桃主产区位于平谷区大华山镇、刘家店镇、峪口镇、金海湖镇、镇罗营镇、南独乐河镇、王辛庄镇和平谷镇。大华山镇、刘家店镇、峪口镇三镇相连接，区域内拥有万亩桃花海和丫髻山风景区；金海湖镇拥有北京地区水域面积最大的综合性水上娱乐场所——金海湖；南独乐河镇北寨村素有"中国红杏第一村"的美誉，已成功举办了15届北寨红杏文化节，北寨红杏被确定为"北京市唯一性果品"；王辛庄镇地理位置优越，与平谷卫星城、兴谷开发区相连接，交通便利，具有投资兴业的最佳地理位置，并且王辛庄镇自然、生态资源丰富，可开发山场面积5万亩，具有开发旅游、观光农业的自然条件；镇罗营镇位于平谷北部，东与河北省兴隆县六道河子镇接壤，西与大华山镇毗邻，南与熊儿寨乡、黄松峪乡为邻，北与密云区大城子乡交界。

7.存在的主要问题

（1）产业发展方面存在的问题

①生产经营性难题增多。大桃产业发展至今，产业发展中一家一户分散经营，劳动力老龄化，雇工难、费用高，机械化水平低，土壤有机质含量匮乏，桃园通风透光条件差，重茬，导致桃园单产下降、大桃安全生产风险加大、品质下滑危机加深等问题日渐凸显。

②科技服务体系不健全。目前，平谷区的果树科技服务推广体系主要以公益性为主，缺乏龙头企业、合作社等社会组织参与社会化服务，使得优新技术落实不及时、不到位。

③营销体系不完善。平谷大桃产业还没有形成完善的营销体系。主要表现：一是产品销售主体方面以外埠客商为主，自主销售合作组织和销售队伍相对薄弱；二是销售形式上以市场批发、超市配送为主，缺乏产品直销网络；三是销售市场上，以个体销售户为主体，形成各自为战、自我竞争，导致市场混乱、没有竞争力，缺乏大的销售集团和销售连锁店；四是采后处理上，大桃采摘后直接装箱运输进入市场，缺乏预冷和保鲜设施，致使在运输和销售环节损耗严重，货架期短；五是运输方式上，以普通货运、汽运为主，航运、铁路运输为辅，物流体系还未建立，大桃在运输中的损耗还很高，缺少必要的冷链运输设备作保障。

④产业链延伸较短。大桃产业发展仍处在生产型阶段，相关产业发展迟缓，加工企业的数量过少，加工能力较弱，产品种类不丰富，现有加工产品处于低级产品，缺乏精深加工产品的开发。采后商品化处理技术落后，旅游观光还未完全开发，大桃产业链较短，产业化水平仍然有待进一步提升。

（2）产品安全方面存在的问题　目前，平谷区大桃质量安全监测、监管体系不健全，加之散户分散经营，部分果园管理方式相对落后，在喷药、施肥等方面的随意性很大，盲目追求果品个大、色好，加大了农药和化肥的使用量，造成大桃安全生产风险加大。

（二）产业选择标准

1.产地自然条件适合　平谷区境域东西长35.5千米，南北宽30.5千米，面积958千米^2。地处燕山南麓与华北平原北端的相交地带，境域群山耸翠，万里长城环绕北部山间，洵河、泃河两条河流，萦回境内。平谷的土地、气候条件是大桃生长的最佳生态区。

2.市场前景与竞争力分析

（1）市场分析

①桃市场调查。改革开放以来，我国桃产业发展迅速，市场潜力巨大。据统计，2005年我国桃栽培面积为60.27万公顷，产量为603万吨，占同年全国果树栽培面积1 003.5万公顷、总产量8 835.5万吨的6%和6.82%，占同年世界桃栽培面积142.51万公顷、总产量1 567万吨的42.29%和38.48%，居世界第一位。但我国目前桃出口量少，不及总产量的2%。我国桃产业的发展趋势必将向品种特色化、多样

化，果品优质化、绿色化，商品高档化、品牌化，技术规范化、标准化方向发展，这为桃产业的发展指明了方向。

②北京观光果业市场调查。随着近年来生活水平和城市化程度的提高，以及人们环境意识的增强，休闲农业如雨后春笋般出现在一些发达地区的大城市。2016年，都市观光果业继续保持快速有序发展，为满足人们对观光休闲度假日益增长的需求，提供优质规范的服务，评定出1 000余个观光果园，接待游客近千万人次，采摘收入5.5亿元。因此，平谷区现代化示范果园的建设将有力地推进平谷区果园的现代化、标准化建设，促进果品产业升级，使林果经济与观光旅游相结合，对于农民增收、农业增效、建设社会主义新农村具有非常重要的意义。

（2）市场预测

①桃市场预测。从国际市场看，欧美重点发展口味偏酸的油桃和水蜜桃，由于劳动力成本高，加上不适合亚洲人的口味，在亚洲市场上竞争优势不大。日本、韩国生产的桃以外观质量好、内在品质优、包装精美走俏国际市场，但价格高昂，与之相比，我国的桃具有低成本、低价格的显著优势。结合国际桃产业发展的历史和现状，我国桃市场国际定位应瞄准东南亚市场和中西亚市场。因此，只要生产出高质量的、符合国际标准的桃，其市场潜力是巨大的。从国内市场看，随着我国居民收入的增加以及对食物营养和健康意识的增强，对优质果品等农副产品的需求将不断扩大。据调查，为保证人体正常营养需求，每人每年应有75千克水果供应。而2005年，世界年人均水果量为76千克，我国年人均水果量为67.6千克，人均桃量为5.8千克，考虑到我国人口基数巨大，国内桃市场潜力巨大。

②北京观光果业市场预测。随着人们收入的增加，休闲时间的增多，以及生活节奏的加快，北京市民渴望多样化的旅游，尤其希望能在具有自然环境的中得到放松，希望当回"果农"，过把"丰收采摘"的瘾，观光、采摘已成为人们喜爱的旅游度假活动。另外，观光果业还具有多次光顾和反复消费的特点。因此，观光果业具有广阔的发展前景和生命力。春季的桃园，粉红色的桃花挂满枝头，连片的桃花海，景色蔚然壮观；秋季，红灿灿的桃果压弯了枝头，让人垂涎欲滴。并且，大桃产区便利的交通条件以及周围丰富的景观资源，必将吸引大批游人，成为北京市民亲近自然、亲近泥土的又一最佳去处。

（3）大桃产业竞争力分析

①大桃品质佳。自2003年平谷区实施大桃精品战略以来，狠抓了水蜜桃为重点的优新品种调整、郁闭桃园隔株间伐、增施发酵腐熟有机肥等新技术推广，为大桃增甜提质增效打下了坚实基础，发挥了重要作用；2009年，平谷区开展了甜桃乡镇评比、甜桃村评比、甜桃园评比、甜桃王擂台赛等一系列大桃增甜活动；同时，在全区建立2.3万亩大桃增甜示范园，通过应用增施发酵菜籽饼肥、高培垄覆黑地膜节水栽培技术、倒拉枝技术、采收前20天不浇水等技术措施提高桃果甜度。经过全区上下卓有成效的工作，示范园桃果甜度普遍提高1～2度，桃的品质明显优于其他地区。

②桃文化开发的竞争力强。平谷区依托丰富的大桃资源，努力发掘大桃产业的精神文化功能，已经连续举办了多届国际桃花节，每年吸引100多万游客前来赏花踏青，带动了民俗旅游业的发展，每年经济收入5 000多万元；在全区建成了6家桃工艺品加工企业，开发了桃木梳、桃木剑、桃符、桃木手链、桃木坠、桃木生肖等200多个工艺品品种；桃花可加工成桃花茶、化妆品、桃花食品；开发成功了"寿"字、"福"字、"十二生肖""情侣""寿星佬"模具等系列桃果艺术品，桃果按个卖，每个果可卖到5～10元。

③优新品种竞争力强。近些年来，平谷区引进调整的优良品种神州红、华玉、红不软、早玉、早凤王、美国红蟠、美国黄蟠、瑞光18号等，取得了较高的经济效益。如刘家店镇刘家店村从河南引进的美国红蟠、黄蟠品种，已经连续多年保持高产、优质，经济效益可观，销售价格在12～16元/千克，比当地其他品种每千克高4～6元。

④大桃营销队伍强。目前，平谷区约有3 000户果农搞果品销售，可赚取营销领域纯收入1.5亿元以上。2009年，平谷区的合作组织在城八区社区建立了22个鲜桃直销店，深受北京市民的欢迎。这种

模式不仅使市民能够直接买到平谷鲜桃，还减少了销售的中间环节，使合作组织和果农实现了双赢。如果充分发挥区内合作组织的作用，在城八区建立100个鲜桃直销店，将大大促进平谷大桃及其他农产品的销售，减少由于长途运输桃果腐烂造成的经济损失。

⑤果品保鲜与冷链物流体系建设水平高。平谷区采取制冷保鲜技术、气调保鲜技术、冰温保鲜技术、脱毒保鲜技术等四大保鲜措施，现已建成了果品保鲜库116个，大桃及果品贮藏能力达到6 800吨，加强果品冷链物流体系建设对于降低果品的流通损耗、减少果品的流通费用、提高果品质量安全、促进农民增收具有重要的意义。据销售合作组织介绍，每年大桃在长距离运输过程中的损耗率达10%，平谷区大桃产量的60%都要通过长距离运输到外埠市场，如果每千克桃销售为6元，可减少几千万元的经济损失。因此，加强平谷区果品冷链物流体系建设势在必行。

⑥大桃品牌竞争力强。争创著名商标、统一商标、统一品牌、统一包装，对于打造平谷果品的品牌，提高平谷果品的知名度，尤其是大桃的知名度具有重要的现实意义，它直接影响到产品的销售和市场的占有率。平谷区在国家工商总局注册的"平谷"大桃证明商标，被评为全国知名商标品牌。平谷大桃被国家质检总局授予"地理标志保护产品"，被欧盟确定为进入欧盟10个中国农产品之一，成为欧盟地理标志保护产品。这标志着平谷大桃直接进入欧盟市场销售。2016年农业品牌价值信息榜显示，平谷大桃品牌价值94.39亿元。

（三）大桃产业发展的思路、目标与任务

1.大桃产业发展的思路　按照北京市委提出的"土地流转起来，资产经营起来，农民组织起来"新"三起来"工程，以农民增收和产业增效为主线，按照建设"大果园、大菜园、大花园、大公园、大乐园"五园建设的发展思路，加快土地流转，提高农民的组织化程度，探索平谷果业集约化、规模化、现代化、机械化新的经营体制、栽培模式和栽培技术，破解当前制约平谷区果品产业的问题，大力发展高效现代果园建设，促进产业提质增效、农民收入倍增。

2.大桃产业发展的目标　到2020年，平谷区发展果树面积39万亩，果品产量达到4亿千克，果品收入18亿元，其中大桃面积20万亩，产量达到3亿千克，收入15亿元。

3.大桃产业发展的任务

（1）以增甜为目标，加强现有果园的科学化、标准化管理　加快果品精品战略的组织实施，通过科技示范、技术指导、技术培训，全面普及以大桃为重点的增甜提质关键技术，加大力量解决影响果品增甜的果园通风透光差问题、土壤有机质含量低问题，果园排水、沥水不畅问题，病虫害防治不到位问题，从思想意识上解决好果农的合理负载问题、采生问题、采前20天大肥大水问题、采摘手段和采后处理问题等，从而提高果品甜度和风味，提高精品果率，实现果品产业可持续发展，果农增收致富。

（2）加强优新品种结构调整，大力发展高甜度、风味浓的品种　调整品种结构，是果品产业发展的重中之重。加强优新品种引进力度，大力引进国内外的名特优新稀品种。新发展的品种满足消费者对特色果品和唯一性果品的需求，满足休闲观光果业的需要。在大桃品种结构调整上，侧重发展水蜜桃、油桃、蟠桃优新品种，以旅游区和公路沿线为主，适度发展高甜度水蜜桃，规模在5万亩左右。在大桃品种的布局上，因地制宜，突出品种规模、区域规模、区域特色。

（3）创新现代先进的栽培模式，体现都市型观光果业水平　目前的果园栽培模式主要体现在生产型的模式，建设都市型现代观光果业，就要从现代观光果业角度规划新建果园，特别是要从果树生理特性和对自然的要求建立新的栽培体系，从根本上解决郁闭问题和排水、沥水问题。要探索多样性树形，树体结构简单、群体结构整齐美观，便于机械化作业，便于观光采摘、休闲娱乐的现代化果业栽培新模式，如果树园艺栽培和架式栽培等，在栽培方式上融入文化内涵，突出景观效果。要突出果园区域生态平衡体系建设，在果园内种植与果树相生的植物，既起到景观效应，又达到驱虫的作用。为推进先进栽培模式的发展，要落实好责任制，对于果农承包面积过小，或过于分散的果园，要采取协

调果农之间自我调整和通过果园流转机制解决；果树承包责任制到期的果园，要进行规模化承包，新发展的果园和更新的果园，要体现集中连片的原则，采取土地合作社方式或鼓励民营企业家搞规模化、集约化经营。

（4）建立健全科技研究示范体系，创新先进、简便的管理技术 以大专院校、科研部门为依托，加强自主创新能力，建立健全科技研究示范体系，解决生产中存在的问题，如大桃增甜问题，土壤有机质问题，7、8月高温多雨造成的果树徒长问题，果树园艺化栽培技术问题，新发生的病虫害防治问题等等，并且在实践中不断创新现代、简便、科学的管理技术，减轻果农的劳动强度和投入成本，要通过现代化管理技术，减少病虫害的发生；加大农业、生物、物理防治病虫害措施，坚持有机化栽培，大力发展生态友好型、资源节约型、环保生态型果品产业，以此使平谷区的果品全部达到绿色食品、有机食品的要求，同时，研究文化桃生产技术，实现高品位，突出高效益。

（5）完善品牌战略

①打造安全产品品牌。积极开展"三品"认证，推进标准化生产、果业投入品监管能力、果品质量安全监测能力、果品质量安全追溯能力建设，力争大幅度提升果品质量安全管理能力和水平，确保果品安全生产。

②培育企业品牌。大桃区域品牌、产业品牌、产品品牌得到了发展，下一步要重点培育企业品牌。依托以正大果业为主的龙头企业、合作社开展大桃规模化生产、名品推介、地理保护品牌宣传、安全品牌等宣传活动，打响企业自有品牌，进一步提高平谷大桃的知名度。

③打造休闲品牌。积极打造高标准的集观光、休闲、旅游、农事体验等于一体的大桃产业园区，发展大桃文化创意园区，促进平谷大桃产业与二、三产业融合发展。

④加强品牌传播。借助正大果业为主的龙头企业、合作社开展大桃流通领域大桃品牌宣传，利用媒体、网络进行名品推介、平谷大桃地理保护品牌宣传、果品安全品牌等宣传活动，打造"地域+产品+企业"的品牌组合，增加平谷大桃品牌知名度。

（6）积极培育"一体两翼"式新型经营体系 积极构建以新型农业经营主体为核心、公益化服务和社会化服务为两翼的新型农业经营体系，推进现代农业产业体系建设。

①积极培育新型经营主体。扶持本土企业做大、做强，培育具有区域影响力的龙头企业，推广"龙头企业+合作社+农户""龙头企业+农户"的经营模式，让合作社、农户承担种养环节的生产管理，推动龙头企业与农户形成利润共享、风险共担的利益共同体；鼓励农户、农民合作社以土地、资金、技术等要素作价入股龙头企业，实行股份合作、按股分红；以正大果业为主的产业集团为载体和抓手，进行土地流转，实现大桃适度规模化生产；制定扶持以正大果业为主龙头企业发展的综合性政策，引导企业与农户建立更加紧密的利益联结机制。对与农户、合作社建立紧密利益联结机制的农业企业，在政策、资金上给予支持。

②鼓励合作组织、龙头企业开展社会化服务。大力发展农业社会化服务。创新科技服务方式和手段，搭建区域性大桃社会化服务综合平台，通过政府订购、定向委托、招投标等方式，扶持龙头企业、农民专业合作社、专业技术协会等社会力量广泛参与农业产前、产中、产后服务。

③强化公益性服务。强化与大专院校、果树研究所等相关科研院所的合作，将区内专业技术人才进行整合，联合正大果业等龙头企业，研究促进大桃产业进步的关键技术。通过技术示范和推广，持续不断地为规模化生产提供成熟的品种、技术和机械设备，同时也为产业发展培养技术研究的高层次人才。

（7）完善大桃产业流通体系

①完善营销模式。一是推进"果品+互联网"电商营销新模式。鼓励互联网企业构建平谷大桃网络营销平台，扩大平谷大桃产品市场。二是建设平谷区优质农产品销售中心。推进以政府推动、政策支持、市场运作方式推进区内安全、优质农产品市场体系建设，不断扩大平谷大桃品牌的影响力。三是推进产品直销模式。利用直销店、超市专供等形式满足消费需求。四是推进现有批发市场建设。依

托龙头企业等主体投资建设、改造、完善市场资源，吸引更多客商收购平谷大桃。

②加强大桃冷链储运体系建设。以龙头企业、合作社加快发展果品连锁配送物流中心，完善果品冷链物流体系建设，新建一批产地预冷、销地冷藏、保鲜运输等冷链物流基础设施，扩大果品调运能力。

③建立大桃综合信息服务平台。政府主管部门加快构建数据权威、发布及时、功能多样的农产品综合信息服务平台，配载农产品信息收集、整理、发布等功能，重点发布农产品生产量、销售量和收购价、批发价等市场供求、价格信息。

（四）大桃产业在平谷区的分布（截至"十二五"末）

大桃产业已成为平谷区名副其实的支柱产业，是全区15万山区、半山区果农的主要经济来源。主要分布：大华山镇、镇罗营镇、刘家店镇、峪口镇、王辛庄镇、金海湖镇、南独乐河镇、夏各庄镇、大兴庄镇、山东庄镇、东高村镇、兴谷街道、平谷镇、熊儿寨乡、马坊镇、马昌营镇和黄松峪乡共计16个乡镇和1个街道19.4万亩桃园。

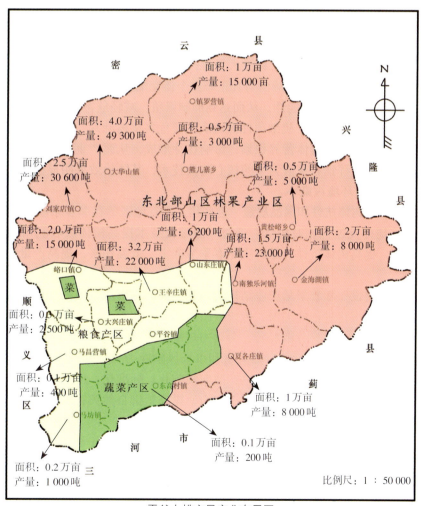

平谷大桃主导产业布局图

ICS 65.020.20
B 31
备案号：19855-2007

DB

北 京 市 地 方 标 准

DB11/ 396—2006

地理标志产品　平谷大桃

Product of geographical indication—

Pinggu peach

2006-11-03 发布　　　　　　　　　　2006-12-01 实施

北京市质量技术监督局 发布

地理标志产品　平谷大桃

1　范围

本标准规定了平谷大桃的地理标志产品术语和定义、产地范围、品种、地域环境特点、栽培技术、质量要求、理化指标、卫生指标、试验方法、检验规则、标志、包装、运输、贮存。

本标准适用于国家质量监督检验检疫行政主管部门根据《地理标志产品保护规定》批准保护的平谷大桃。

2　规范性引用文件

下列文件中的条款通过本标准的引用而成为本标准的条款。凡是注日期的引用文件，其随后所有的修改单（不包括勘误的内容）或修订版均不适用于本标准，然而，鼓励根据本标准达成协议的各方研究是否可使用这些文件的最新版本。凡是不注日期的引用文件，其最新版本适用于本标准。

GB 2762　食品中污染物限量

GB 2763　食品中农药最大残留限量

GB/T 8855　新鲜水果和蔬菜的取样方法

GB/T 12456　食品中总酸的测定方法

GB 18406.2　农产品安全质量　无公害水果安全要求

NY/T 586-2002　鲜桃

DB11/T 079　桃无公害生产综合技术

3　术语和定义

下列术语和定义适用于本标准。

3.1

平谷大桃　Pinggu peaches
本标准第 4 章规定的产地范围内生产的第 5 章中规定的品种，按本标准进行生产并符合本标准要求的桃。

3.2

果面缺陷　surface blemish of fruit
人为或自然因素对果实表皮造成的损伤。

4　产地范围

平谷大桃的产地范围限于国家质量监督检验检疫行政主管部门根据《地理标志产品保护规定》批准的范围。即为平谷区现辖行政区域内的平谷镇、金海湖镇、峪口镇、马昌营镇、马坊镇、东高村镇、夏各庄镇、山东庄镇、王辛庄镇、南独乐河镇、镇罗营镇、大华山镇、刘家店镇、大兴庄镇、黄松峪乡、熊耳寨乡。见附录A。

5　品种

平谷大桃的品种限于国家质量监督检验检疫行政主管部门根据《地理标志产品保护规定》批准的品种。即为大久保、庆丰（北京26号）、京艳（北京24号）、燕红（绿化9号）、八月脆（北京33号）、艳丰1号、陆王仙、华玉、大红桃、二十一世纪。

6　地域环境特点

6.1　地理环境

本区域地处北京市东北部，燕山西麓、华北大平原北缘，三面环山。地形分为中低山区，岗台阶地区和沟、洳河洪积冲积平原，属于暖温带大陆性季风气候，海拔11m～1188m。平谷大桃适合生产的海拔范围11m～588m 。

6.2　气候环境

6.2.1　气温

年平均气温为11.5℃，5～8月平均气温在20℃以上。最热7月平均日温26.1℃，最冷1月平均日温-5.5℃。极端最高温度40.2℃，极端最低温度-26℃，按80%的保证率计算，大于0℃的积温4470℃，大于10℃的积温4121℃～4945℃，年平均无霜期191d，最长205d，最短160d。昼夜温差大，雨热同季。

6.2.2　光照

全年日照为2729.4h，年平均日照百分率为62%。太阳辐射量559.24 kJ/m²。5月份日照时数最多，为287.3h，6月份为268.9h。

6.2.3　降水

年平均降水量639.5mm。降水季节分配不均，冬季降水仅9.6mm，占全年降水量的1.5%，一般年份从10月到翌年5月干旱缺雨，夏季最多， 年平均为479.1mm，占全年降水量的74.9%。

6.2.4　蒸发量

年平均蒸发量1762.3mm，以5月份最高。蒸发量远远大于降水量是本区气候条件的主要特点。

6.2　水资源

水资源丰富，地表水年径流量多年平均值为3.10亿m³（包括入境地表水1.11亿m³）。地下水补给量多年平均值为2.97亿m³，地下水可开采量为每年2.2亿m³ 。

6.3　土壤

沙壤土和轻壤土。pH值6.0～8.0，含盐量（以NaCl计）≤0.14%，有机质含量≥0.8%。

7　栽培技术

应符合附录B的要求。

8　质量要求

8.1　等级

8.1.1　等级分为特级、一级、二级、三级。

8.1.2　等级要求按单果重计，应符合表1的规定。

表1　等级要求

品　种	单果重（g）			
	特　级	一　级	二　级	三　级
大久保	≥375	325～374	275～324	225～274
庆丰（北京26号）	≥300	250～299	200～249	150～199
京艳（北京24号）	≥400	350～399	300～349	250～299
燕红（绿化9号）	≥400	350～399	300～349	250～299
八月脆（北京33号）	≥450	400～449	350～399	300～349
艳丰1号	≥400	350～399	300～349	250～299
陆王仙	≥400	350～399	300～349	250～299
华玉	≥400	350～399	300～349	250～299
大红桃	≥400	350～399	300～349	250～299
二十一世纪	≥375	325～374	275～324	225～274

8.2　一般要求

8.2.1　果实充分发育，新鲜清洁，无异常风味，不带不正常的外来水分，具有适宜市场或贮存要求的成熟度 。

8.2.2　成熟度可按以下分级：

　　——七成熟：底色绿，果实发育良好，果面基本平展，缝合线附近有少量坑洼，果面毛茸较厚。

　　——八成熟：底色绿，果实充分发育，果面基本平展无坑洼，中晚熟品种在缝合线附近有少量坑洼痕迹，果面毛茸较厚。

　　——九成熟：绿色大部褪尽，不同品种呈现该品种应有底色、白色、乳白色、橙黄色，阴面局部可有淡绿色，毛茸少，果肉有弹性，芳香，有色品种大部着色；表现品种风味特性。

　　——十成熟：果实茸毛易脱落，无残留绿色，溶质品种柔软多汁，皮易破裂；软溶质桃稍压即流汁破裂；硬溶质稍少破裂，但易压伤。

8.3　果面缺陷

果面缺陷应符合表2的规定。

表2　果面缺陷

项　目		等　级			
		特级	一级	二级	三级
果面缺陷	碰伤 压伤 磨伤 雹伤 虫伤	无	无	允许轻微伤一处，总面积不超过 0.5 cm²	允许轻微碰、压、雹、虫、磨伤，总面积不超过 1.0 cm²，伤处不得褐变，对果肉无明显伤害
	裂果	无	无	允许风干裂口一处，总长度不超过 0.5 cm	允许风干裂口二处，总长度不超过 1.0 cm

8.4　感官特征

感官特征应符合表3的规定。

表3　感官特征

品　种	项　目				
	果形	色泽	着色率	粘离核	果肉
大久保	近圆、顶平、缝合线浅	底色浅白，着红色	不套袋≥40% 套袋≥60%	离核	硬溶质，肉质密，甜酸适口
庆丰 （北京26号）	近圆、顶平、缝合线浅	底色绿白，着红黄色	不套袋≥25% 套袋≥40%	粘核	硬溶质，味甜
京艳 （北京24号）	近圆、顶平、缝合线浅	底色黄白，果面红色	不套袋≥40% 套袋≥60%	粘核	硬溶质，肉质细而致密，柔软，有香味，味甜
燕红 （绿化9号）	近圆稍扁、顶平微凹、缝合线浅	底色乳白，果面红色	不套袋≥60% 套袋≥80%	粘核	硬溶质，肉质致密，汁液多，有香味，味甜

表 3 （续）

品 种	项 目				
	果形	色泽	着色率	粘离核	果肉
八月脆 （北京33号）	近圆、顶平、缝合线浅	底色乳白，果面红色	不套袋≥55% 套袋≥80%	粘核	硬溶质，肉质细脆，汁液中等，味甜
艳丰1号	近圆，顶平，缝合线浅	底色黄，果面红色	不套袋≥60% 套袋≥70%	粘核	硬溶质，肉质致密，脆而多汁，味甜
陆王仙	近椭圆，顶平，缝合线浅	底色黄，果面红色	不套袋≥30% 套袋≥50%	离核	硬溶质，肉质细，汁液中等，味甜
华玉	近圆形，顶圆平，合线浅，梗洼深度和宽度中等，茸毛中等	底色黄白色，果面1/2以上着玫瑰红色或紫红色晕，外观鲜艳	不套袋≥40% 套袋≥60%	离核	硬溶质。果肉白色，皮下无红，近核处有少量红色，外观鲜艳肉质硬，细而致密，汁液中等，纤维少，风味甜浓，有香气
大红桃	果实近圆形，果顶圆平，缝合线浅	底色黄白，果面红色，外观鲜艳，全面着色	全面着色	粘核	硬溶质。果肉红色，肉质脆而致密，汁液中等，纤维少，风味酸甜
二十一世纪	果实圆形，果顶圆平，缝合线浅，梗洼深度和宽度中等，茸毛少	底色乳白，着红色，外观鲜艳	不套袋≥40% 套袋≥60%	粘核	软溶质。果肉白色，皮下无红，近核处有少量红色。肉质细而致密，汁液多，纤维少，风味甜浓

9 理化指标

理化指标应符合表4的规定。

表4　理化指标

品　　　种	项　　　目	
	可溶性固形物 (20℃)，（%）	总酸(以苹果酸计)，（%）
大久保	≥11.50	≤0.2
庆丰（北京26号）	≥10.50	≤0.42
京艳（北京24号）	≥11.50	≤0.2
燕红（绿化9号）	≥12.00	≤0.18
八月脆（北京33号）	≥10.50	≤0.2
艳丰1号	≥12.00	≤0.2
陆王仙	≥11.50	≤0.28
华玉	≥12.00	≤0.2
大红桃	≥11.50	≤0.2
二十一世纪	≥12.00	≤0.18

10　卫生指标

应符合GB 18406.2 、GB 2762和GB 2763及其它国家法律法规的规定。

11　试验方法

11.1　单果重

单果重用分度值为0.1g的秤进行计量。

11.2　一般要求、果面缺陷

一般要求、果面缺陷目测或用量具测量确定。

11.3　感官特征

感官特征以目测、闻及口尝确定。

11.4　理化指标

11.4.1　可溶性固形物

按DB11/T 079的规定执行。

11.4.2　总酸

按 GB/T 12456 规定的方法。

11.5　卫生指标

按GB 18406.2 、GB 2762 和GB 2763规定的方法执行。

12　检验规则

12.1　检验批次

同一保护地、同一品种、同一成熟度、同一等级、同一货批的桃为一个批次。

12.2　抽样方法

按GB/T 8855的规定执行。

12.3　检验分类

分为交收检验和型式检验。

12.3.1　交收检验

12.3.1.1 每批产品销售前，都应进行交收检验。

12.3.1.2 交收检验项目为等级、一般要求、果面缺陷、感官特征、包装和标志。

12.3.1.3 判定规则：在整批样品不合格果率超过最低单果重5%时，允许降等级和重新分级。果面缺陷、包装、标志若有一项不符合，允许重新分装。

　　注：将检出的各项不符合本等级质量要求的果实称量，按式（1）计算不合格果率：

$$p = \frac{m_1}{m} \times 100\% \quad\text{...}(1)$$

式中：

p ——不合格果百分率；

m ——抽样样果总重，单位为克（g）；

m_1 ——不合格果总重，单位为克（g）。

12.3.2 型式检验

12.3.2.1 有下列情况之一时应进行型式检验：

——每年采摘初期；

——因人为或自然因素使生产环境发生较大变化；

——国家质量监督机构或主管部门提出型式检验要求时。

12.3.2.2 型式检验项目应包括本标准技术要求中的全部项目。

12.3.2.3 判定规则：型式检验结果中，如卫生指标、理化指标有一项不合格，等级、果面缺陷、感官特征整批样品不合格果率超过5%时，则判定该批产品为不合格品。

13 标志、采收、包装、运输和贮存

13.1 标志

　　用于销售的平谷大桃，其包装或/和产品上应标明地理标志产品专用标志，并标明产品名称、品种、等级、包装日期、生产单位名称、注册地址、产地、净含量、执行标准号。

　　不符合本标准的产品，其产品名称不可使用含有"平谷大桃"（包括连续或断开）的名称。

13.2 采收

　　果实成熟度达到七成熟即可采收。

13.3 包装

　　应符合NY/T 586-2002中7.1的规定。

13.4 运输和贮存

13.4.1 采后应立即按标准规定的质量条件挑选分级，包装验收，并迅速组织调运至鲜销地或入库贮存。

13.4.2 待运的桃，应批次分明，堆码整齐，环境清洁，通风良好，严禁烈日暴晒、雨淋，注意防热。

13.4.3 贮放和装卸时应轻搬轻放，运输工具应清洁卫生。严禁与有毒、有异味等有害物品混装、混运。

13.4.4 长途运输的桃果应冷藏。果实入库前应进行预冷处理，预冷温度为4℃，贮存温度为0℃～3℃，贮存期为15d之内。

附　录　A

（规范性附录）

平谷区行政区划图

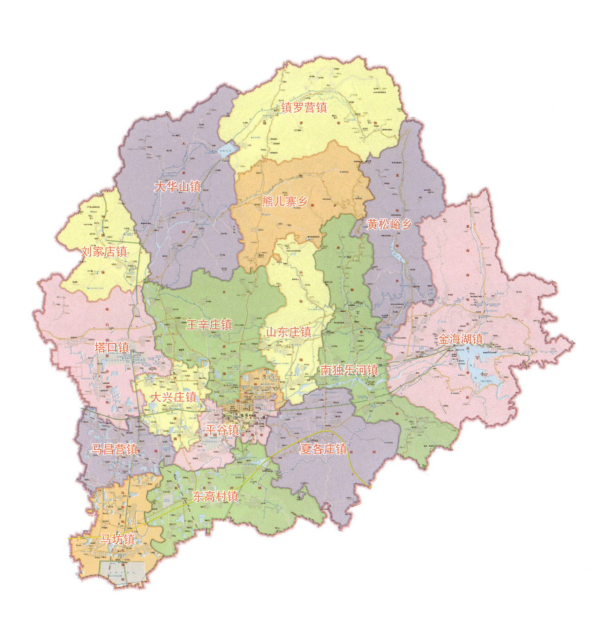

附　录　B

（规范性附录）
栽培技术

B.1　建园

B.1.1　株行距

株行距为（250cm～400cm）×600cm，南北行栽植为宜。

B.1.2　栽植密度

栽植密度≤825株/hm²。

B.1.3　整地

B.1.3.1　高培垄整地：除山地、薄沙地外均采用高培垄栽植方式。树畦150cm 宽，畦面高于行间20cm 以上。

B.1.3.2　挖掩：80cm见方，表土与底土分放。

B.1.3.3　回填：用表土回填掩的1/3后，将10kg腐熟有机肥与表土混合填入（肥料施在距畦面30cm以下），再用表土将掩填平，灌水沉实后再栽树。

B.1.4　定植

B.1.4.1　选择良种壮苗

主侧根 3 个以上，长度 20cm 以上，生长充实，苗高 80cm 以上，基径粗 1cm 以上，嫁接口愈合良好。

B.1.4.2　选苗

选根系发达，地茎粗1cm以上，无病虫害，无机械损伤的健壮苗。

B.1.4.3　栽树

春栽或秋栽。春栽于解冻后，栽后灌水，灌水后用地膜覆盖；秋栽于落叶后至土壤封冻前，栽后立即灌水，用地膜覆盖。定干后要埋土防寒。栽前苗木分级，粗度相近的苗木栽在同一区域内。根系修剪并沾3号生根粉（促生根）、沾K-84。具体方法：1g生根粉（用酒溶解）加水20kg，可浸泡500～1000株苗木，浸泡30min；然后沾K-84（水和药按1比1调配，忌用金属容器），随沾随栽，栽时将根系舒展开，不要深栽，栽后浇水、封掩沉实后与原地径相平为宜，然后盖1m²地膜，保墒促生长。

B.1.4.4　定干

剪留高度60cm～70cm，定干后套上塑料袋，待芽生长到1cm时先放风后解袋。

B.2　砧木

以毛桃为主。如有条件，也可采用GF677和筑波4号、筑波5号。

B.3　嫁接

7月下旬至8月中旬，采用芽接方法嫁接，或于第2年春天4月上、中旬进行枝接。嫁接部位在砧木挺直、光滑，离根颈10cm～15cm 处。

B.4　授粉

B.4.1　对花

取有粉的花，给当天开的花授粉。

B.4.2　点授

采铃铛花，取出花药，在温度20℃～25℃的条件下室内阴干，用瓶压碎，放在小瓶内，用自制授粉工具点授。

B.4.3　放蜂

每0.2hm²～0.33hm²放一箱蜜蜂。

B.5　土壤管理

B.5.1　果园生草覆草

利用果园自然杂草，待草高达30cm时割草，割后覆在树盘内。

B.5.2　覆膜保墒

4～6月份采取覆膜保墒措施。

B.6　施肥

B.6.1　制作腐熟有机肥

B.6.1.1　必备物料

畜禽粪便，秸秆、杂草、锯末、果枝、酵素 3号 、黄土。

B.6.1.2　配制比例

畜粪500kg，秸秆、杂草、锯末、新鲜果枝等500kg，酵素菌3号0.5kg，黄土50kg。

B.6.1.3　配制方法

制作菌土：首先将黄土与绿洲酵素菌3号混合搅拌均匀制成菌土。

堆制方法：选不积水空地，底层用秸秆、杂草、锯末、新鲜果枝等铺20cm厚（如是秸秆、杂草、新鲜果枝，应铡成3.33cm～6.67cm撒适量的菌土，再铺一层20cm厚的畜禽粪，维持堆制材料的含水量在60%～70%左右，这样一层秸秆、杂草、锯末、新鲜果枝，一层菌土，一层畜禽粪，堆成300cm宽，100cm～200cm高，长度不限，每200cm竖1个草把。堆制时不要踩实，然后用秸秆和杂草等遮盖，下雨时用塑料布盖严。温度达到60℃～75℃时，保持3d～5d天倒堆，倒堆后温度达50℃～60℃时再倒堆,倒堆2～3次即可。

B.6.2　花前肥

B.6.2.1　追肥时间：花前一周之内。

B.6.2.2　追肥种类及数量：

 a) 对于连续几年施足底肥的果园，可以不追化肥。

 b) 施用氮磷钾混合化肥，每公顷施用量300kg（尿素112.5kg、磷酸二铵112.5kg、硫酸钾75kg）或按土壤测定或叶片分析结果配方施肥。

 c) 宜使用发酵好的饼肥（香油渣、豆饼、棉籽饼、菜籽饼、葵花饼等）、豆粉、豆浆和沼液肥代替化肥。

 d) 选用优质的生物菌肥。

 e) 自制桃花、果营养液肥。

B.6.2.3　追肥方法：采用放射状沟施，从树冠垂直投影外缘向内均匀的挖深20cm，长不低于100cm的6～8条放射状施肥沟（忌地面撒施），施肥后覆土浇水。

B.6.3　果实膨大肥

B.6.3.1　追肥时间：果实采收前20d～30d。

B.6.3.2　追肥种类及施肥量：

 a) 以磷、钾肥为主，每公顷追施尿素75kg，磷酸二铵112.5kg，硫酸钾225kg，三种肥料混合后施入（树势偏旺可不用尿素）。

 b) 选用含磷、钾高的优质复合肥。

 c) 自制植物营养液肥。

B.6.4 叶面喷钙肥

临近开花、谢花后各喷一次钙得美1000倍液，疏果后喷神钙锌1000倍液，套袋前喷氨基酸钙1000倍液，套袋后至采收前，结合打药每次都加入钙肥（轮换使用，浓度同上）。

B.7 水分

B.7.1 浇冻水

11月上旬在土壤封冻前浇冻水，树畦不浇，只浇两边畦。

B.7.2 雨季果园排涝

B.7.2.1 挖排水沟，排水沥水。

B.7.2.2 树下铺塑料布：下雨前铺，下雨后拢到树根下（铺塑料布时，要有一定的坡度，两行树间挖一条浅沟，利于排水）。

B.8 花果管理

B.8.1 疏花芽、疏蕾、疏花

从果枝基部开始疏二对留一对，疏掉花芽总量的2/3以上。疏果从谢花后两周开始，先疏早熟品种和坐果率高的品种，后疏其他品种。疏去小果、畸形果、病虫果。早熟品种结合疏一次性定果，中晚熟坐果率高的品种按定果量多留1倍果；中晚熟坐果率低的品种按定果量多留1.5～2倍果。

B.8.2 定果

B.8.2.1 定果时间：早熟品种在5月中、下旬完成，其他品种在6月上旬完成。艳丰1号在6月下旬、八月脆33号在7月中旬进行为好。

B.8.2.2 定果方法：树体上部特别是枝头适当多留果，下部适当少留果；生长势旺的枝多留果；果实留在枝条的中上部。

B.8.2.3 定果量和单株定果量：应符合表B.1的规定。

表B.1 定果量和单株定果量

品种	定果量（个/hm²）	株行距（cm）	株数（株/hm²）	单株定果量（个）
庆丰（北京26号）	270000～330000	300×400、200×600	825	330～400
		300×500	660	410～500
		400×500	495	550～660
大久保、燕红（绿化9号）、京艳（北京24号）、大红桃、二十一世纪	225000～270000	300×400、200×600	825	270～330
		300×500	660	340～410
		400×500	495	450～550
华玉	210000～255000	300×400、200×600	825	250～310
		300×500	660	320～390
		400×500	495	420～520
艳丰1号、八月脆（北京33号）、陆王仙	225000～270000	300×400、200×600	825	270～330
		300×500	660	340～410
		400×500	495	450～550

注：定果量（个/hm²）：按照算术疏果法，求出单株定果量。

单株定果量（个）计算公式是：单株定果量＝定果量÷株数。

B.8.3 套袋、解袋

B.8.3.1　纸袋选择：选用避光、疏水、柔韧性好、上口有绑丝、下底两角开缝的18.0cm×15.5cm型以上的单层复色袋；晚熟大型果选用19.0cm×17.5cm型以上的单层复色袋。建议大久保桃用敞口袋。

B.8.3.2　套袋前喷一遍杀虫、杀菌剂。

B.8.3.3　套袋方法：取一纸袋，用手撑开后将幼果套在袋内中间，再将袋口横向折叠，固定在桃枝上，勿将叶片装入袋内。不要带露水和雨水套袋。

B.8.3.4　解袋时间和方法：成熟前15d开始对着光好的部位进行解袋观察，当袋内果开始由绿要转白时，就是解袋最佳时期，先解上部外围果，后解下部内膛果。解袋分两次进行，首先由袋底部撕开，让果实逐渐适应外面的环境，2d后将果袋解除。

B.9　病虫害防治

B.9.1　落叶后至发芽前

B.9.1.1　清园：清理树下、树上、园外、路边、市场的僵果、连同落叶、残枝、杂草埋入土中30cm，压低根霉软腐病、褐腐病、疮痂病、炭疽病等病菌的菌源数量及一些越冬害虫。有炭疽病发生的树，注意将枯死小枝剪除集中处理。修剪下的枝条粉碎制作有机肥或深埋，减少桃小蠹虫（流胶）虫源。

B.9.1.2　粉碎玉米秆、高粱秆、向日葵花盘及棉花秸、蓖麻遗株，埋入土中30cm，消灭桃蛀螟越冬幼虫。

B.9.1.3　1月份，解除大枝上绑缚的诱虫布条、树干上的草把，集中销毁，抹杀枝杈枯叶下的卷叶蛾幼虫，消灭越冬害虫。

B.9.1.4　伤口保护：对较大的剪锯口及时涂抹自制的高效廉价保护剂。保护剂制作方法：按0.25kg凡士林油和0.5kg石蜡的比例配制。具体方法为：把石蜡加温融化，与凡士林均匀混拌即可。使用时把混合剂再加温化开。要求修剪后的第1年每个伤口涂2次，即修剪后涂一次，发芽前再涂一次。以后对旧伤口每年发芽前涂一次，有利于伤口愈合和保护，并有利于预防木腐病、天牛、透翅蛾、吉丁虫的危害。

B.9.1.5　有草履蚧发生的桃园，1月初树干缠10cm胶带，阻止害虫上树。

B.9.1.6　上年桃瘤蚜发生较重的树，在发芽前喷99%绿颖200倍液，重点喷小枝条，杀灭越冬卵。

B.9.1.7　有细菌性黑斑病、炭疽病发生的桃树，发芽前喷氢氧化铜1000倍液，喷布要达到淋洗式程度。视树体大小，每株喷10kg～15kg药液。（喷氢氧化铜后不能再喷石硫合剂）

B.9.1.8　无细菌性黑斑病发生的桃树，发芽前细致喷1次3度石硫合剂，或氢氧化铜1000倍液。

B.9.2　发芽后至7月底

B.9.2.1　对有冠腐病的树，扒墂晾根颈，刮病斑，涂金雷多米尔锰锌150倍液，秋后封墂。

B.9.2.2　清除树体流胶，涂施纳宁100倍液。

B.9.2.3　花露红始期，喷10%吡虫啉3000倍液加25%灭幼脲1500倍液加20%毒死蜱2000倍液，防治蚜虫、卷叶虫、潜叶蛾、扁平蚧、金龟子。

B.9.2.4　落花70%时，喷2.5%扑虱蚜2000倍液加20%氰戊菊酯2000倍液防治蚜虫、梨小食心虫、卷叶虫、绿盲蝽等，有红蜘蛛发生的树加入20%螨死净2000倍液，上述用药可与大生、必得利（油桃不要使用必得利）混喷。

B.9.2.5　有细菌性黑斑病发生的桃园，幼果期喷锌铜石灰液，兼治炭疽病、疮痂病。第1次喷药在落花后立即进行，以后每10d至15d喷1次，盛果期桃树每株每次最少喷15kg。早熟桃喷药到6月下旬，中晚熟桃喷药到7月下旬，保果、保叶并重（果实套袋后也应保叶）。如有虫害发生，混加杀虫剂时，可用72%农用链霉素3000倍液（对真菌性病害无效）代替锌铜石灰液1次。

B.9.2.6　上年发生疮痂病、炭疽病的桃园，幼果脱裤后喷第1次药，以后每10d～15d喷1次。套袋果喷到套袋前；不套袋果喷到采前15d。使用80%大生600倍液或80%必得利600倍液（油桃不要使用必得利）。

B.9.2.7　防治红颈天牛：生长季用注射器向蛀孔内灌注足量的80%敌敌畏150倍液，然后将注药孔用粘泥封严，发现1个蛀孔，处理1个。

B.9.2.8　发芽后，挂性诱剂、糖醋液盆，启用频振式杀虫灯。

B.9.2.9　结合疏花芽，掰除桃毛下瘿螨危害的花芽。

B.9.2.10　剪除梨小、卷叶虫、瘤蚜被害梢，摘除桃蛀螟、梨小、卷叶虫为害果及病果，连同树下出现的病、虫残果，集中深埋30cm以下。此项措施贯彻于整个生长季。

B.9.2.11　5月中旬喷4.5%高效氯氰菊酯1500倍液或20%氰戊菊酯2000倍液，重点防治桃蛀螟、绿盲蝽。有桑白蚧的桃园，用99%绿颖200倍液。

B.9.2.12　5月底至6月初喷1次灭幼脲1000～1500倍液加48%乐斯本2000倍液，重点防治卷叶虫、梨小食心虫、潜叶蛾。以后，不套袋树每15d喷药1次，轮换喷25%灭幼脲1500倍液、30%桃小灵1500倍液、48%乐斯本2000倍液；套袋树去袋前1d～3d喷1次20%毒死蜱2000倍液或20%氰戊菊酯2000倍液。

B.9.2.13　用桃木做支棍需过火或剥皮（最好不用桃木做支棍）减少桃小蠹虫危害。

B.9.2.14　5月下旬至6月上旬，有康氏粉蚧危害的桃园，套袋前喷99%绿颖200倍液。

B.9.2.15　套袋前防治褐腐病、炭疽病、疮痂病，用80%大生或80%必得利600倍液（油桃慎用必得利）。

B.9.2.16　6月上中旬（转芽为害盛期），有毛下瘿螨危害的桃园，连续喷2～3次45%晶体石硫合剂300倍液。有扁平蚧的桃园，喷5%蚧地珠1000倍液。

B.9.2.17　6～8月份，注意防治红白蜘蛛和跗线螨，选用50%硫悬浮剂300～400倍液、1.8%龙宝2500～3000倍液、10%螨除尽2000倍液。

B.9.2.18　有红颈天牛发生的桃园，分别在6月20日～25日和7月5日～10日，选用功夫、敌杀死或高效氯氰菊酯500倍液混入黏土对树干和骨干枝基部进行涂刷，杀灭卵和初孵幼虫（1～3年生桃树不用施药）。用糖醋液诱杀成虫，效果很好。

B.9.3　8月初至晚熟桃采前7天

重点防治褐腐病、根霉软腐病。

B.9.3.1　套袋果摘袋后立即喷1次阿米西达3000倍液；不套袋果采前30d左右，喷1次福星4000倍液；采前7天，喷1次阿米西达3000倍液。

B.9.3.2　8月中下旬，主干绑草把，骨干枝绑布条，诱集越冬害虫。

B.9.3.3　10月中旬，幼树防治浮尘子喷20%氰戊菊酯2000倍液或4.5%高效氯氰菊酯1500倍液，发生量大的10月下旬再喷药1次。

B.9.3.4　10月中下旬，桃树主干和骨干枝涂白（水30：生石灰8：盐1.5混合调制），预防日烧、冻害及枝干病害。

B.10　整形修剪

B.10.1　树体结构调整

B.10.1.1　间伐：对株行距300cm～400cm以内，株行间骨干枝交叉、密挤的严重郁闭的桃园，要隔株间伐，从根本上解决郁闭问题。对有一定郁闭的桃园，采取确定永久株和临时株，分几年间伐。对临时株进行控制，为永久株让路。

B.10.1.2　骨干枝调整：骨干枝之间要保持200cm间距，疏除直立、高大、严重影响光照的骨干枝和过低的骨干枝。对骨干枝上的侧枝疏除或改造成枝组。

B.10.1.3　骨干枝回缩换头：对骨干枝调整后仍然过高400cm以上影响光照的骨干枝头，于适宜部位选一粗度达到着生处主枝粗度1/3以上的背后或侧生枝代替原头，不具备换头条件的骨干枝在适宜部位选一枝组进行培养，同时削弱原主枝头，待条件具备后再换头。

B.10.2　整形修剪

B.10.2.1　整形　依株行距不同，选择"Y"字形和自然开心形。

B.10.2.1.1　"Y"字形：对于株行距小于或等于300cm×600cm的果园，每株树留2个主枝。

B.10.2.1.2　自然开心形：对于400cm×600cm以上的株行距。每株树留3个主枝。

B.10.2.2　修剪

B.10.2.2.1　一年生树冬剪

选好主枝，主枝角度45°左右，弱树在枝条粗度不低于1cm处留背后芽或侧芽短截，副梢枝留基部1～2个叶芽极重短截；旺树和壮树主枝延长头短截，剪口以下15cm留副梢，适当保留部分生长势中庸的副梢果枝。

B.10.2.2.2　二、三年生树冬剪

在主枝延长头粗度1cm处短截，距剪口15cm以下留副梢，注意维持主枝之间的生长势平衡，注意培养大型结果枝组。疏除徒长枝、过密枝，其余果枝甩放。

B.10.2.2.3　盛果期树冬剪

主枝延长头修剪：行间延长头间距保持在150cm左右。生长势强的采用削弱生长势的修剪方法，延长头不短截，疏除旺枝，适当多保留结果枝；长势中庸的回缩到壮结果枝处；长势弱用增强生长势的修剪方法，回缩到壮抬头枝处短截，并适当多留枝，疏弱留壮。延长头已交义且具有足够结果枝数量的适当多留果枝，疏果定果时再适当多留果，利用先端优势以果压冠，待后部培养出跟班枝后再回缩。

同侧大枝组要保持80cm以上的间距，注意中小结果枝组保留与培养。

枝组和结果枝的修剪：以保留侧生、平斜结果枝组为主，相邻枝组间果枝不交义，同侧长果枝距离不低于30cm，疏除密挤枝、直立枝、交义枝、重叠枝、背下枝，对衰老枝组进行更新，回缩到壮枝处。结果枝不短截。

留枝量：每公顷留果枝总量150000～180000个，其中长果枝（30cm以上）60000～90000个。对于主要以中短枝结果的品种，如艳丰1号、八月脆等，主要保留中短果枝（以短果枝为主），枝量适当增加。

B.10.3　伤口保护

对较大的剪锯口及时涂自制高效廉价保护剂。保护剂制作方法:按0.25 kg凡士林油和0.5 kg石蜡的比例配制。具体方法为：把石蜡加温融化，与凡士林均匀混拌即可。使用时把混合剂再加温化开。要求修剪后的第1年每个伤口涂2次，修剪后涂一次，发芽前再涂一次。以后对旧伤口每年发芽前涂一次，有利于伤口愈合和保护，并有利于预防木腐病、天牛、透翅蛾、吉丁虫的危害。

B.10.4　种穗准备

结合冬剪，备好优良种穗。

四、桃科学技术成果

（一）历年获奖名录

平谷区人民政府果品办公室成立以来，为平谷大桃产业做出了巨大贡献。据不完全统计，截至2014年年底，果品办公室在推动平谷大桃产业发展工作中，先后荣获国家奖励15项，市级奖励51项，区（县）级奖励10项（表1至表3）。

表1　荣获国家级获奖项目与荣誉称号一览表

荣获称号与获奖项目	颁发部门	荣誉称号与奖励等级	时间*（年.月）
八月脆桃	全国林业名特优新产品博览会组委会	金奖	1994.1
八月脆桃	第三届中国农业博览会	名牌产品	1997.1
1998年度社会林业工程项目研究与实施工作论文	国家林业局	一等奖	1999.1
全国科教兴村计划试点工作	中国农学会	先进集体	1999.9
京艳桃	中国99昆明世界园艺博览会组委会	金奖	1999
中国名特优经济林——桃之乡	国家林业局、中国经济林协会	中国名特优经济林桃之乡	2000.3
中国优质桃基地县	农业部果品及质检中心	中国优质桃基地县	2000.6
果业龙头企业	中国果业流通协会	果业龙头企业	2000.8
全国林业科技	国家林业局	先进集体	2001.6
全国经济林建设	国家林业局	先进县	2001.9
中国桃乡	中国果树专业委员会	中国桃乡	2001.9
平谷区大桃标准化栽培示范基地	中国农学会	全国农村科普示范基地	2002.7
平谷区大桃标准化栽培示范基地	中国科学技术协会	全国农村科普示范基地	2002.9
大世界吉尼斯之最	上海大世界吉尼斯总部	世界栽培桃树面积最大区（县）	2002
2002年度ABT与GCR系列研究与推广工作	国家林业局科学技术司	科技推广一等奖	2003.1

*　有的只有年份。表2、表3同。

表2　荣获市级奖励项目一览表

荣誉称号与获奖项目	颁发部门	荣誉称号	时间（年.月）
果园覆盖有机物技术推广	北京市人民政府	农业技术推广二等奖	1992.1
碧霞蟠桃	北京市人民政府	科技进步三等奖	1993.3
桃潜叶蛾防治技术研究与推广	北京市林业局	科技进步二等奖	1993
桃树综合配套技术的推广	北京市人民政府	农业技术推广一等奖	1995
晚熟桃评比京艳	北京市林业局	第一名	1995.9
桃潜叶蛾的生活习性及防治	北京市科协	金桥工程优秀项目三等奖	1997
桃树技术推广	北京市林业局、北京市科学技术委员会	先进单位	1997.10
桃潜叶蛾防治技术研究与推广	北京市林业局	优秀项目	1998.1
桃潜叶蛾防治技术研究与推广	北京市星火评审委员会	星火科技三等奖	1999.4
艳丰1号桃	北京市农作物品种审定委员会	推广品种	1999.6
北京市林业系统先进集体	北京市林业局、人事局	先进集体	1999.9
爆破改土等综合配套技术改造山地果园	北京市人民政府	科学技术三等奖	1999.12
万亩晚桃基地开发	北京市星火评审委员会	北京市星火科技三等奖	1999
丘陵山地大桃优质节水高效配套技术研究推广	北京市人民政府	农业技术推广一等奖	2000
八月脆桃早期丰产栽培技术研究与推广	北京市人民政府	农业技术推广二等奖	2000.1
1999年区县林业工作考核评比	北京市林业局	果品生产第一名、果树综合开发第一名、科教工作第三名	2000.1
1999年市社会林业工程研究与实施	北京市林业局	一等奖	2000.1
丘陵山地大桃优质节水高效配套技术研究	北京市人民政府	科技进步三等奖	2001
碧霞蟠桃	第三届北京农业博览会组委会	精品奖	2001.10
桃树冠瘿病防治技术示范推广	北京市人民政府	农业技术推广一等奖	2002
京郊农业实用技术推广	北京市委农村工作委员会	先进单位	2002.1
京郊农产品出口创汇	北京市委农村工作委员会	先进单位	2002.1
果实套袋栽培管理技术	北京市林业局、北京果树学会	果树技术创新成果一等奖	2002
桃"1553"富民工程	北京市林业局、北京果树学会	果树技术创新成果二等奖	2002
桃树日光温室促成栽培技术新体系	北京市林业局、北京果树学会	果树技术创新成果二等奖	2002
大桃算术疏果法	北京市林业局、北京果树学会	果树技术创新成果三等奖	2002
桃树间作香菇栽培技术	北京市林业局、北京果树学会	果树技术创新成果三等奖	2002.3

荣誉称号与获奖项目	颁发部门	荣誉称号	时间（年.月）
盛果期庆丰桃扣棚优质高效栽培技术	北京市林业局、北京果树学会	果树技术创新成果三等奖	2002
晚熟桃——艳丰1号选育报告	北京市林业局、北京果树学会	果树技术创新成果三等奖	2002
"家家测报点，人人测报员"	北京市林业局、北京果树学会	果树技术创新成果优秀奖	2002.3
平谷桃园更新技术	北京市林业局、北京果树学会	果树技术创新成果优秀奖	2002.3
桃树高位多芽嫁接快速成型技术	北京市林业局、北京果树学会	果树技术创新成果优秀奖	2002.3
平谷县农药残留检测新方法	北京市林业局、北京果树学会	果树技术创新成果优秀奖	2002.3
北京市先进科普工作	北京市科学技术委员会、北京市人事局	先进集体	2002.5
果实套袋及大面积高效技术推广	北京市林业局	科技进步一等奖	2002.12
平谷桃产品质量及生产技术规程标准示范与推广	北京市人民政府	农业技术推广一等奖	2003
平谷桃产品质量及生产技术规程标准示范	北京市人民政府	科技进步二等奖	2003
IPM生态桃标准化生产及标准化基地建设技术推广	北京市科协	金桥工程一等奖	2003
北京市果树产业发展	北京市农村工作委员会、北京市林业局	先进集体	2004.12
桃IPM技术推广	北京市人民政府	推广二等奖	2004
日光温室桃优质高效关键技术研究、示范	北京市人民政府	科技进步二等奖	2005
日光温室桃优质高效关键技术研究、示范与推广	北京市人民政府	科技推广一等奖	2005
果树机械化修剪技术试验示范推广	北京市人民政府	推广一等奖	2005
设施葡萄、桃、杏标准化无公害生产技术研究与推广	北京市人民政府	推广一等奖	2006
蟠桃系列新品种示范推广	北京市人民政府	推广二等奖	2007
万箱蜂群授粉入户示范工程	北京市人民政府	推广二等奖	2008
平谷区桃果实主要病害防治技术研究与推广	北京市人民政府	推广二等奖	2009
系列早熟甜油桃新品种及配套栽培技术推广	北京市人民政府	推广一等奖	2010
硬肉型桃新品种示范与推广	北京市人民政府	推广一等奖	2013
桃优质安全生产生态调控关键技术的应用与推广	北京市人民政府	推广一等奖	2013
桃、苹果生产农机农艺融合配套技术示范推广	北京市农业局	推广二等奖	2016

表3　荣获区级奖励项目一览表

获奖项目	颁发部门	荣誉称号	时间（年.月）
桃树低产园改造技术推广	平谷县人民政府	科技推广一等奖	1993
疏花疏果技术开发与推广	平谷县人民政府	科技进步二等奖	1995
桃树低产园技术改造与推广的532工程	平谷县人民政府	推广新技术、新成果一等奖	1996
桃小蠹虫综合防治技术推广	平谷县人民政府	新技术、新成果推广二等奖	1998
山地果园放炮穴改土项目	平谷县人民政府	新技术、新成果推广二等奖	1999.3
万亩桃树基地开发项目	平谷县人民政府	星火科技一等奖	1999.3
八月脆桃早期丰产栽培技术研究与推广	平谷县人民政府	科技进步一等奖	2000
绿色食品大桃产业开发	平谷区人民政府	科学技术二等奖	2003.2
日光温室桃树优质高效关键技术研究与示范	平谷区人民政府	科学技术进步一等奖	2005.3
平谷高效绿色农业示范区建设	平谷区人民政府	科学技术进步二等奖	2005

（二）获奖牌

（三）平谷区部分科技成果简介

1. 果树机械化修剪技术推广项目 果树机械化修剪技术推广项目由北京市农业局农机处、北京市农机试验鉴定推广站、平谷区农委、平谷区农机服务中心、平谷区农机研究所、平谷区马昌营镇农业服务中心、平谷区大华山镇农业服务中心、平谷区王辛庄镇农业服务中心、平谷区峪口镇农业服务中心等单位主持，由刘亚清、翟金津、张京开、马继发、张长青、王臣、刘长松、秦国成、韩万良、刘久生负责完成，是针对平谷区果业生产现状，为提升果品生产的机械化作业水平，做大、做强"平谷大桃"的产业品牌，提高果品生产对农民增收的拉动能力，而实施的试验示范推广项目。2002年以来，先后在大华山镇、王辛庄镇、峪口镇、马昌营镇等乡镇累计成功推广5万亩。该项目的成果：一是取得明显经济效益。应用气动修剪技术可使大桃每亩增产6%，5万亩实施面积共增收1 323.4万元。二是社会效益突出。应用机械化剪枝技术改变了传统剪枝作业方式，填补了北京市郊区果树机械化剪枝技术空白，大大减轻了果农的劳动强度，有效地提高了剪枝质量，降低了剪枝在空中作业的危险性，深受各级领导和广大果农的欢迎，推广应用前景广阔。此外，为配合实施"221行动计划"，平谷区积极开发农机剪枝作业的旅游观光功能，2004年"十一"期间，分别在马昌营镇千亩有机桃生产基地和大华山镇IPM生态桃基地，成功地进行了该技术的示范作业展示，挖掘并开发出该项目的旅游观光功能。此项目的成功实施，进一步提高了郊区果业生产的机械化作业水平，减轻了果农的劳动强度，有效地提高了生产效率，创造出可观的经济效益和社会效益，并开发出农机作业的旅游观光功能，成为新兴农业旅游项目，为京郊林果业的健康快速发展、为果农的增收致富提供了坚强有力的农机科技支撑。

2. 蟠桃系列新品种示范推广 "蟠桃系列品种示范推广"作为桃育种项目的重要组成部分，是北京市科委、科技部和北京市农林科学院多年来重点支持的科研项目，由姜全、郭继英、赵剑波、陈青华、刘巍、张文宝、闫凤娇、李振茹、王岳清、毕宁宁、付占国、于广水负责完成。本项目通过有性杂交育种的途径，选育出品质优良、早、中、晚成熟期配套、适合我国栽培的蟠桃系列新品种，并在生产中示范推广。成果的取得在很大程度上解决了生产上原有品种数量少、品质差、产量低、果实易烂顶、裂核等问题。推广的蟠桃品种数量占北京市蟠桃品种数量的80%以上，应用面积占蟠桃面积的70%以上。研究水平居国内领先，部分品种达到国际先进水平。1996—2006年期间，在北京地区审定并推广了蟠桃优良品种15个，包括瑞蟠2号、瑞蟠3号、瑞蟠4号、瑞蟠5号、瑞蟠10号、瑞蟠13号、瑞蟠14号、袖珍早蟠、瑞蟠16号、瑞蟠17号、瑞蟠18号、瑞蟠19号、瑞蟠20号、瑞蟠21号、瑞油蟠1号。这些品种的突出特点是实现了蟠桃成熟期早、中、晚系列配套，果实品质优良，填补了我国蟠桃优良品种选育的空白，使我国蟠桃露地栽培的市场供应期延长到4个月，采用保护地栽培可达到6个月。至今，所育成的15个品种10年间推广面积达到4.1万亩，产量2.425亿千克，创经济效益8.08亿元。蟠桃新品种种植效益高，见效快，极大地提高了农民种桃的积极性，增加了农民的收入。蟠桃新品种丰富了桃品种种类，优化了桃产区的品种结构，在地方农村种植产业的发展中起到了突出作用。

3.**万箱蜂群授粉入户示范工程**　万箱蜂群授粉入户示范工程项目是由北京市农林科学院农业科技信息研究所、北京市平谷区人民政府果品办公室、北京市顺义区农业科学研究所、北京市通州区果树产业协会、北京仁康金旺果品产销专业合作社、北京兴绿发果品专业合作社、顺龙鑫樱桃产销合作社协同主持，由王凤鹤、徐希莲、耿金虎、孙素芬、张峻峰、孔都、佟瑞平、杜相堂、史树昆、丁彩霞、王凤明、王永刚等人负责完成。此项目根据不同蜂种针对不同作物的访花应用特点与优势，选择利用不同授粉蜂种对生产中的主要作物进行定向授粉示范。针对露地果树、西瓜、蔬菜制种及设施栽培草莓等作物，推广蜜蜂授粉蜂群4 000群；针对早春果树杏树、樱桃、梨树、苹果等作物，推广壁蜂90万头，约合4 500群；针对设施果蔬作物，推广熊蜂授粉蜂群1 900群。上述蜂群累计在10种（类）作物上应用10 400群，应用面积14 250亩，应用单位与地区涉及10个地区。通过授粉蜂资源整合，形成了科技人员直接到户、蜂授粉技术直接到田、技术要领直接到人的蜂授粉技术推广体系。组织瓜农、菜农、果农、蜂农进行有关方面技术培训和现场交流6次，培训技术指导员40人次，培训农民300人次，到户指导农民350人次。蜂授粉入户示范项目实施乡镇达13个，建立示范基地7个，示范户95户，示范场10个，示范村23个。在入户效果方面，示范户户均增收500元，授粉蜂用户每亩平均增加效益达到300元以上，另外带动蜂农培育授粉蜂群和开展租蜂授粉业务，每群蜂增加授粉收入100元以上。主推技术累计增加产值超过427万元，项目经济效益、社会益及生态效益显著。

4.**平谷区桃果实主要病害防治技术研究与推广**　平谷区桃果实主要病害防治技术研究与推广是由北京市平谷区人民政府果品办公室、北京市林业保护站主持，由邢彦峰、许跃东、王合、杜相堂、韩新明、闫凤娇、李艳霞、薛洋、周在豹、梁泊、梁茂辉、于广水等人完成。本项目在平谷桃产区4年累计推广56.3万亩，占中晚熟桃面积的88.1%。针对在平谷地区主要危害桃果实的桃褐腐病、桃根霉软腐病、桃炭疽病、桃疮痂病、桃细菌性黑斑病进行防治技术研究，推广的主要技术措施是：一是清洁果园；二是谢花后喷必绿2号、成标、世高、福星等药剂；三是果实适时套袋，四是果实解袋后，及时喷阿米西达、翠贝、凯润、百泰等药剂。采取的组织措施是：一是完善推广体系，区聘请专家成立顾问组，成立区果品协会，16个乡镇有专职林果技术员，130个有桃树村设立专职林果树技术员；二是领导重视，确定2006年为平谷区大桃植保重点年，主要领导亲自抓病害防治工作；三是制定实施计划，落实责任制；四是采用电视、广播、手机短信、热线电话、现场会、培训班、发放技术材料和防治历及防治技术光盘等方式宣传普及病害防治技术，培训5万余人次，发放技术资料20余万份，使全区桃农基本掌握桃果实病害防治技术。累计增加收入3.321 7亿元；减少果品中农药残留，有利于消费者健康；为平谷区桃产业发展提供了保证；增加了农民收入，有利于新农村建设；提高了业务人员技术水平和桃农科技文化素质。本项技术可在华北桃产区推广，其他产区可借鉴。

5.**系列早熟甜油桃新品种及配套栽培技术推广**　此项目由北京市农林科学院农业综合发展研究所选育，由刘佳棽、王尚德、谢敏、兰彦平、周连第、郑仲明、朱青青、邢彦峰、李振茹、吕宝和完成的系列早熟甜油桃新品种丽春、超红珠、春光、新春、秀春、望春和金春7个品种于2003—2006年分别通过了北京市农作物品种委员会、北京市林木品种委员会审定。它们比第一代油桃品种成熟期更早、果形更大、品质更优，适宜在全国桃主产区种植。2004—2009年这些优良品种以科研机构＋企业（绿之星公司）为主体进行示范基地建设，共建成示范基地10个，面积500亩；通过与郊区县农业、林业部门的合作在本市进行推广应用，有统计的面积已达1万余亩。2007—2009年，累计进入盛果期面积4 210亩，新增产值5 189.7万元。随着盛果期面积的增加，会带来更大的新增产值。这些新品种的推广应用，丰富了我国自育甜油桃特早熟品种，为桃市场提供安全、优质的果品同时也解决了市场桃品种不足的问题。新品种的推广应用缓解了当地劳动力就业压力，有利于社会的稳定。早熟品种高价格的销售，使果农收入明显增加，为农民脱贫致富开辟了一条新捷径。此成果的发展前景广阔，将会取得更加显著的经济效益。

6.硬肉型桃新品种示范与推广　"硬肉型桃新品种示范与推广"作为桃育种项目的重要组成部分，是北京市科委、农业部和北京市农林科学院多年来重点支持的科研项目，由姜全、郭继英、赵剑波、任飞、王真、杜相堂、韩继义、丁彩霞、高志伟、韩新明、齐文利共同完成。本项目通过有性杂交育种的途径，选育出品质优良的中、晚熟、适合我国栽培的硬肉型桃系列新品种，并在生产中示范推广。成果的取得在很大程度上解决了生产上原有品种果实成熟时较软或硬度较低、贮运性、商品性差等问题。推广的硬肉型桃品种数量占北京市硬肉型桃品种数量的75%，应用面积占硬肉型桃面积的85%以上。研究水平居国内领先，具有广阔的发展前景。2003—2013年期间，在北京地区推广了通过北京市认定的京玉和审定的早玉、华玉等3个具有自主知识产权的硬肉型桃新品种。这些品种的突出特点是硬度高，采摘期长，耐贮运，运输成本低，流通环节损失小，货架期长；同时具有离核的特性，深受消费者喜爱，延长了离核桃品种的市场供应期，丰富了首都的果品市场。通过建立示范基地、加强宣传、培训、提供苗木等多种方式，采用科研单位→区县林业局→乡镇林业站→村技术员和村果树协会→农户的硬肉型桃新品种推广体系，到目前为止，3个硬肉桃新品种推广面积达到3.95万亩，其中2011—2013年间，累计增产2.65亿千克，新增纯收益10.54亿元。年均增产8 834万千克，年均亩收益9 053元，年均总收益3.51亿元。硬肉型桃新品种种植见效快，效益高，极大地提高了农民种桃的积极性。硬肉型桃新品种的推广优化了桃产区的品种结构，拉动了相关产业的发展，在农村种植业的发展中起到了突出作用。

7.桃优质安全生产生态调控关键技术的应用与推广　此项目由北京农学院、北京市林业保护站、平谷区果品办公室、平谷区峪口镇林业站主持，王有年、王合、李福芝、张文忠、师光禄、杜相堂、靳永胜、任建军、关伟、谷继成、喻永强、史贺奎、杨海清、葛彦会、齐文利等人完成，通过推广桃优质安全生产生态调控关键技术，重点推广了教育部"北京山区果品优质生态安全关键技术研究与示范"等5项成果，发表论文12篇，出版了5部专著，获得了7项授权专利。该项目取得了如下成果：一是本成果已累计推广42.48万亩。二是主要技术措施包括：推广了优质桃新品种42个；创建了以果园害虫生态调控为主的桃优质安全生产生态调控系列技术；推广了与桃园生态调控相配套的栽培管理关键技术。三是主要组织措施是：通过教学科研与安全生产的有机结合，形成了"政产学研推"和"1+1+X"一体化管理模式，使科技成果直接传递到果农手中。政府将本成果中的关键技术列入折子工程，实施政策倾斜，组织科技人员包村镇抓落实。四是取得明显的经济、社会、生态效益。项目关键技术的实施，减少了农药和化肥对环境的污染，促进了桃园固碳释氧，改善了果园生态和农村环境；项目实施3年来，3年累计新增纯效益22 131.62万元；成果的推广提升了大桃品牌，促进了农民增收、就业及农村稳定，可进一步带动旅游观光休闲健康养生等产业的发展，推进了新农村建设。

8.桃、苹果生产农机农艺融合配套技术示范推广　此项目由北京市农业机械试验鉴定推广站、北京市林业科技推广站、北京市平谷区农业机械化技术推广站、北京市平谷区人民政府果品办公室、北京市延庆区农业机械化技术推广服务站、北京市延庆区果品服务中心主持，由李传友、孟丙南、段树生、熊波、高娇、赵丽霞、王晓平、刘明、滕飞、盛顺、高丽、张洪、李学斌、王志军、秦虎跃共同完成，本项目构建适合京郊的高产高效现代化果园种植管理模式——矮化密植及配套管理技术；配套适合新模式关键环节机械化作业技术，制定机械化配套方案；制定矮化密植果园独干树型及控冠技术、行间生草管理技术操作规程；探索新模式下林果生产机械化作业社会化服务模式。通过组织融合、农机农艺融合、与购机补贴政策融合、与社会化服务融合等工作方法，开展打药机选型研究、行间生草对土壤蓄水保墒能力研究、气动剪枝机、施肥机、碎草机的生产性能试验，推广配套机械化作业技术措施。2013—2015年，在北京新建矮化密植高产高效现代化果园3.75万亩，技术覆盖率37.5%。培育14家农机专业合作社，投入风送式喷雾机188台，碎草机113台，剪枝机338台，施肥机113台。发表研究论文4篇。新创建的果园管理模式在4个关键环节使用机械作业，可降低劳动力成本160元/亩。新建的3.75万亩高产高效果园，每年减少劳动力投入600万元。行间种草技术和残枝粉碎覆盖还田可以提高土壤有机质含量、提高果实品质、增加土壤蓄水保墒，避免了地表裸露引起扬尘，符合北京市生态农业发展方向。北京市林果产业对于促进生态建设、促进农民增收、推动新农村建设具有重要作用，本项目能够有效提升林果生产"三率"水平，有效降低人工投入，具有良好的应用推广前景。

五、平谷大桃科技挂历

（一）高密植桃园建设及管理技术要点

1.建园

（1）**高培垄栽培**　垄高20～30厘米、宽1米，两侧有埂，垄正中间栽树。

（2）**株行距**　（1～1.5）米×（3～4）米，以1米×3米或1.5米×4米为好，栽植沟深、宽各60厘米。

（3）**苗木准备**　选用株高1米、地径0.8厘米以上的成品苗，不宜使用芽苗或毛桃苗。栽前剪根、分级，蘸生根粉和K-84。

（4）**栽植、定干、套袋**　新栽植小树浇足水，覆盖黑地膜，在苗木（从上往下）第一个饱满芽处定干（弱苗保留2～3个有效芽）。有条件的可以在定干后套袋（条形、苗木专用袋），促使萌芽。

（5）**果园生草覆草**　行间禁止间作80厘米以上作物，采取自然生草、覆草制。

2.栽植当年管理要点

（1）**解袋**　幼树发芽后，当芽长至3厘米左右，及时解袋。注意先打孔放气，等袋里没有水珠，再解袋。

（2）**选留主干**　5月份插竹竿绑扶主干，剪口下选一个直立好枝作主干（其上部枝条剪掉），其余旺枝摘心。

（3）**5～6月新梢管理**　距地面60厘米以上，依次对长度达到50厘米的、准备留作牵制枝3～4个新梢摘心，之后对主干上长度达到40厘米时的其余新梢摘心。

（4）**肥水管理**　5～6月，每隔10～15天施肥浇水1次，每棵树施尿素50克；7月开始不再追肥和浇水；生长量大的树，8月喷华叶牌PBO150倍液；9～10月亩施有机肥1～2吨。

（5）**秋剪**　9月上中旬进行秋剪（代替冬剪），在主干距地面60～90厘米处，选留3～4个牵制枝（防止树体上部过强、下部光秃），疏除背上旺枝。

（6）**浇封冻水**　根据当年墒情选择浇封冻水，或是来年春季浇解冻水。

3.第二年管理要点

（1）**花前复剪**　开花前复剪，调整产量和树势。

（2）**补水**　4月，根据土壤墒情，及时补充水分。

（3）**夏剪**　5月上中旬结合疏果，对长度达到20厘米的新梢摘心；6月上中旬，对长度达到30厘米的新梢摘心；7月底至8月初，疏除直立旺梢。8月份喷华叶牌PBO150倍液。

（4）**秋剪**　9月秋剪代替冬剪，修剪时尽量使用原头，保留中庸果枝，疏除多余、过粗果枝。上强下弱的树，要疏除上部粗大枝，下部保留3～4个牵制枝；下强上弱的树，要减少下部牵制枝数量。

（5）**秋施基肥**　9月下旬，每亩施用腐熟发酵有机肥1～2吨。

（二）常规桃园土肥水管理

1.如何清园？修剪下来的果枝如何处理？

2月前彻底清除果园内的病虫枝果、枯枝落叶、废弃果袋等和修剪下来的枝条，捆成直径20厘米小捆，盖土30厘米深埋。

2.桃果实营养液如何制作和使用?

配制比例:果实100千克,红糖1千克,绿洲酵素菌4号1千克,麦麸子2～3千克,水适量。

首先将1千克绿洲酵素菌4号与1千克红糖均匀混合后,加入适量的温水搅匀配制成菌糖液,再加入麦麸子混合成菌糠,以手握成团一松即散即成,然后将菌糠装入塑编袋内于阴凉处发酵12～24小时待用。

将果实拍裂(不能粉碎)放入洁净塑料桶内,厚度20厘米,在其上面撒一层适量的菌糠,然后一层果实一层菌糠层铺直至桶口20厘米,最后撒一层较厚的菌糠完全盖住果实,用纱布封上桶口绑好,再用草帘遮盖,置于阴凉避雨处,在25℃左右条件下发酵20～30天,有酸、甜、香味为发酵成功。发酵好的营养液过滤后密封,放于阴凉处保存。

使用方法:树上300倍液喷施或每株2.5千克10～20倍液穴施。

3.果园生草的做法和好处?

采用人工种草或自然生草,长到30厘米时割草覆在树盘内。好处是蓄水、保墒,增加土壤有机质,稳定地温,疏松土壤。

4.果园使用除草剂有哪些害处?

减少有益生物种类和数量,破坏生态平衡,污染土壤和地下水,对临近果树和作物产生药害,对人畜有害。

5.秋施发酵腐熟有机肥的好处、时间和施用量?

肥效快、肥效高;避免烧根;减轻土壤病虫的发生和危害;利于土壤有益微生物的繁殖和团粒结构的形成,提高土壤养分利用效率;降解土壤农药残留。

9～10月施用发酵腐熟有机肥,亩施量4～5吨。

6.追肥的时期和种类有哪些?

花前花后:亩施氮磷钾混合肥17.5千克(尿素7.5千克、磷酸二铵7.5千克、硫酸钾2.5千克)。

果实膨大肥:以钾肥为主,果实采收前30～40天,亩施混合肥22.5千克(尿素5千克、磷酸二铵2.5千克、硫酸钾15千克)。树势偏旺可不用尿素。

7.怎样进行科学灌水、排水、控水?

①节水沟灌,禁止大水漫灌。②结合施肥适量浇水。③高培垄整地、浇水、覆黑地膜。④挖排水沟,排水沥水。⑤采前控水。

8.早熟桃和晚熟桃铺反光膜有哪些好处?怎样做?

好处:铺反光膜明显提高树冠中下部光照强度和温度,促进果面着色,增大果个,提早成熟。

做法:解袋前夏剪,使地面均匀着光达40%以上,清理果园,整理地面,沿行向每侧铺1～2幅反光膜,分段压实,保持反光膜清洁。

9.喷碧护有哪些作用?怎样使用?

作用:①抗寒、抗冻、抗干旱。②抗病虫害。③促进坐果和成花。④增加甜度。⑤提高果面光洁度。⑥延长货架期。

使用方法:花前一周、花后一周各一次,果实膨大期一次(3克一袋,加水50千克喷施)。

(三)花果管理

1.怎样疏花芽、叶芽、花蕾?

① 3月至花芽膨大期,中长果枝基部10厘米内全部疏除,以上部分疏1～2节留1～2节,疏掉总芽量50%～60%。②花芽膨大期至蕾期,戴一面胶手套将果枝背上的花芽和叶芽抹掉。

2.人工辅助授粉的好处和方法有哪些?

好处是提高坐果率,果形端正,提高品质。方法有人工对花、人工点授、花期放蜂等。

3.喷硼砂的好处、方法？

好处是促进已授粉花的受精，明显提高坐果率；方法是初盛花期喷施浓度为0.2% ~ 0.3%硼砂溶液。

4.怎样疏果定果？

疏果：从谢花后两周开始。早熟品种疏果时可直接定果；中晚熟坐果率高的品种按定果量多留1倍果，坐果率低的品种多留1.5 ~ 2倍果。定果：早熟品种在5月中旬至6月上旬完成，其他品种在6月上中旬完成。艳丰1号在6月下旬。

定果需把握的问题：一是枝头和主枝上部适当多留果；二是长势旺的树、枝组、果枝适当多留果；三是选留果枝中上部的果。

5.果实套袋应注意的问题？

套袋前喷一遍杀虫、杀螨、杀菌剂，喷药后在3天内套完，雨后补喷。适时解袋，解袋后及时喷一遍阿米西达，预防烂果。

（四）病虫害防治

1.果园使用石硫合剂的好处？

对疮痂病、煤污病、白粉病、锈病、成若螨、蚧类初孵幼虫有较好的防治作用。发芽前喷3 ~ 5波美度、生长季节喷0.2 ~ 0.3波美度石硫合剂。

2.如何提高打药效果？

①对症下药；②适时用药；③正确混合、轮替用药；④剂量准确、合理配制；⑤选用雾化效果好的喷头，做到树干、枝、叶、果全面着药；⑥不对症、不适时喷药会增加果园湿度，加剧某些病虫害发生。

合理配药过程：①按使用浓度计算用药量，用计量器具量取。②配制时，先用少量的水把药剂充分溶解，倒入桶底，边加水边搅拌，最后加水到计划量，搅拌均匀后使用。③配药用水：如用井水最好晒1 ~ 2天使水温达到25℃左右，这样可以活化药的成分，提高药效。

3.如何防治桃细菌性黑斑病？

严格清园，清除病原菌滋生体，控制侵染来源。

更新园禁止使用易感品种和带菌苗木或接穗。易感品种：早玉（90342）、谷玉（早14号）、京玉（14号）、华玉、瑞光27号、瑞光28号、瑞光29号、瑞光33号、瑞光39号、久保等。

发芽前喷77%氢氧化铜可湿性粉剂1 000倍液；花前喷25%溴菌腈1 200倍液；落花后至8月选用5%中生菌素可湿性粉剂1 500倍液、0.3%梧宁霉素水剂500倍液或20%噻菌铜（龙克菌）悬浮剂500倍液，隔10天左右喷1次；也可从5月中旬开始使用锌铜石灰液，药效约半个月，一年喷2 ~ 3次。

套袋前要细致喷一遍杀细菌药，喷完药后2 ~ 3天套完袋。

锌铜石灰液（96%硫酸铜0.15千克：98%硫酸锌0.35千克：生石灰2千克：水120千克）配制方法：①用少量温水溶解硫酸铜和硫酸锌，加90千克水稀释成锌铜液；②用少量水把生石灰生好，过筛后把灰放入大桶加30千克水搅拌成石灰液；③快速把锌铜液倒入石灰液桶中，边倒边搅拌。

注意：①禁止将石灰液倒入锌铜液中；②溶解硫酸铜和硫酸锌禁用铁桶；③随用随配；④硫酸铜、硫酸锌用量必须准确，不能随意加大用量，否则会出现药害；⑤雨天打药或打药后3天内遇雨，易出现药害；⑥雨后是桃细菌性黑斑病传播侵染的关键时期，要及时打药或补打药。

4.如何药剂防治烂果病？

发芽前喷石硫合剂；套袋前选用40%氟硅唑（多彩）4 000倍液、10%苯醚甲环唑（世高）2 000倍液或50%多锰锌（揽翠）800倍液；解袋后，选用25%嘧菌酯（阿米西达：单独喷施）2 000倍液。

5.如何药剂防治疮痂病？

发芽前喷3 ~ 5波美度石硫合剂；谢花后到套袋前，轮换选用10%苯醚甲环唑（世高）2 000倍液、50%多锰锌（揽翠）800倍液或80%硫黄可湿性粉剂（成标）1 000倍液，隔10天左右喷1次。

6.如何药剂防治炭疽病？

谢花后至套袋前，交替用10%苯醚甲环唑（世高）2 000倍液或40%氟硅唑（多彩）4 000 ~ 6 000倍液，隔10天左右喷1次。

7.如何防治跗线螨和红蜘蛛？

跗线螨，6月中旬至8月每隔10 ~ 15天喷1次药；红蜘蛛，花前花后、4月底至5月初、5月中旬至6月上旬，轮换选用41%哒螨·矿物油乳油1 500 ~ 2 000倍液或10%噻螨酮（螨除尽）2 000倍液或22.4%亩旺特4 000倍液进行防治。

8.如何防治桃下毛瘿螨？

休眠季和谢花后掰除虫芽最有效；5月下旬至7月下旬为第一次转芽危害期，是重点打药防治期，施用5%阿维菌素4 000倍液，每隔12 ~ 15天喷1次药。

中晚熟品种也可在5月中旬、6月下旬各喷1次22.4%亩旺特4 000倍液或28%阿维·螺螨酯7 000倍液。

9.如何防治梨小和苹小卷叶蛾？

实行联防联治，分别于花前、花后、各代成虫发生高峰期（第一代成虫高峰期5月底至6月上旬，第二代成虫高峰期6月底至7月上旬，第三代成虫高峰期8月上中旬，第四代成虫高峰期8月底至9月上旬），轮换选用12%龙凤配（8%氟虫酰胺+4%甲氨基阿维菌素苯甲酸盐）微乳剂2 500倍液，或4%佳效（甲维盐+氟铃脲）2 000倍液，或5% S-氰戊菊酯（住保）水乳剂1 500倍液，或2%甲维盐（绿园）4 000倍液进行防治；剪虫梢、摘虫叶。

防治梨小食心虫也可在4月中旬拧挂迷向丝，每亩33根。

10.如何防治潜叶蛾？

花前、花后和5月下旬至6月初、8月下旬是重点防治时期，轮换选用50%除虫脲2 500倍液，或5%氟铃脲1 500倍液，或25%灭幼脲三号1 500倍液。早中熟品种采收后仍要继续防治。

11.如何防治绿盲蝽？

绿盲蝽是杂食性害虫，4 ~ 5月，遇小到中雨后第3 ~ 5天喷药，轮换选用2.5%氯氟氰水乳剂（绿微）2 000倍液+10%吡虫啉3 000倍液，或2.5%氯氟氰菊酯（劲彪）3 000倍液+10%吡虫啉3 000倍液。

12.如何防治蚜虫？

始花期、花后各喷50%氟啶虫胺腈（可立施）水分散粒剂10 000 ~ 15 000倍液，或2.5%氯氟氰微乳剂（绿微）2 000倍液，或5% S-氰戊菊酯（住保）微乳剂1 500倍液。

13.如何防治桑白蚧、康氏粉蚧、扁平蚧？

桑白蚧，5月上中旬、8月上中旬卵孵化盛期各连续喷药2次，10天1次。康氏粉蚧，5月上中旬、7月中旬、8月中旬是打药防治的重点时期，10天1次，各连续喷2次。扁平蚧，6月上旬、8月上旬各连续喷药2次，10天1次。轮换选用5%阿维菌素2 000倍液或5%蚧杀地珠1 000倍液。

14.如何防治红颈天牛？

5月中旬（成虫发生初期）开始挂糖醋液诱杀成虫，效果极佳；每次打药时将树干全部打湿；生长季及时挖治树干幼虫。

15.如何防治桃小蠹虫？

桃园不使用、不存放锯下来的桃木枝干，减少桃小蠹虫危害。5月中下旬越冬代成虫发生盛期、7月中旬至8月中旬第一代成虫发生盛期各防治2次，选用5% S-氰戊菊酯（住保）水乳剂1 500倍液或4%佳效（甲维盐+氟铃脲）2 000倍液，隔10 ~ 15天喷1次药，打药时将枝干全部喷湿。

16.枝干涂白

10月上中旬幼树枝干涂白，11月大树枝干涂白，预防浮尘子产卵危害，防止晒干、冻伤。

枝干涂白配方：生石灰8千克，盐1.5千克，水30千克。

（五）每月主要活茬提示

1.一月份　①树体结构调整；②伤口涂愈合剂；③冬季整形修剪；④剪除病虫枝；⑤抹杀枝杈处、枯叶下的越冬害虫；⑥解除草把、布条集中销毁。

2.二月份　①冬季整形修剪；②掰虫芽；③采集优种接穗；④刮老翘皮；⑤清园。

3.三月份　①疏芽、掰虫芽；②栽树；③吊枝；④覆黑地膜；⑤幼树追肥；⑥喷石硫合剂或氢氧化铜。

4.四月份　①疏蕾、疏花；②授粉、花期喷硼；③高接换优；④吊枝；⑤施肥浇水；⑥花前花后喷碧护；⑦幼树抹芽；⑧制作营养液；⑨挂糖醋液、性诱剂；⑩防治蚜虫、绿盲蝽、卷叶虫、红蜘蛛、细菌性黑斑病、炭疽病、黄叶病。

5.五月份　①疏嫩梢；②疏果、定果；③果实套袋；④叶面喷肥；⑤幼树追肥；⑥制作营养液；⑦防治细菌性黑斑病、疮痂病、绿盲蝽、桃蛀螟、桑白蚧、康氏粉蚧、桃下毛瘿螨、梨小食心虫、卷叶虫、潜叶蛾。

6.六月份　①疏果；②定果；③果实套袋；④施膨大肥；⑤叶面喷肥；⑥夏剪；⑦解袋；⑧割草、覆草；⑨制作营养液；⑩防治细菌性黑斑病、疮痂病、炭疽病、食心虫、卷叶虫、潜叶蛾、扁平蚧、桃下毛瘿螨、跗线螨、红蜘蛛。

7.七月份　①疏果；②定果；③果实套袋；④夏剪；⑤排涝；⑥割草、覆草；⑦叶面喷肥；⑧制作营养液；⑨防治细菌性黑斑病、疮痂病、炭疽病、烂果病、食心虫、卷叶虫、潜叶蛾、桃下毛瘿螨、康氏粉蚧、跗线螨、红蜘蛛；⑩深埋病虫果。

8.八月份　①制作发酵腐熟有机肥；②排涝；③摘心；④拉枝；⑤嫁接；⑥叶面喷肥；⑦制作营养液；⑧防治细菌性黑斑病、疮痂病、炭疽病、烂果病、食心虫、卷叶虫、潜叶蛾、桃下毛瘿螨、康氏粉蚧、跗线螨、红蜘蛛；⑨深埋病虫果；⑩枝干绑草把、布条。

9.九月份　①制作发酵腐熟有机肥；②沟施发酵腐熟有机肥；③喷碧护；④制作营养液；⑤秋剪；⑥防治烂果病、食心虫、卷叶虫、潜叶蛾；⑦深埋病虫果；⑧枝干绑草把、布条。

10.十月份　①制作发酵腐熟有机肥；②沟施发酵腐熟有机肥；③郁闭桃园间伐；④做树畦；⑤枝干涂白；⑥幼树防治浮尘子。

11.十一月份　①郁闭桃园间伐；②做树畦；③浇灌冻水。

12.十二月份　①郁闭桃园间伐；②树体结构调整；③整形修剪；④伤口涂愈合剂。

（六）优新品种推荐

1.水蜜桃　领凤（7月中旬）*、新川中岛（8月上中旬）、夏之梦（7月下旬）。

2.白桃　美脆（7月中下旬）、莱山蜜（9月中旬）。

3.蟠桃　红蟠（7月上旬）、金秋蟠桃（7月下旬）、瑞蟠13号（7月上旬）、中油蟠5号（7月上旬）、瑞蟠3号（7月下旬）、瑞蟠17号（8月上旬）、瑞蟠19号（8月上旬）、瑞油蟠2号（8月中旬）、瑞蟠20号（9月中旬）、瑞蟠21号（9月下旬）。

4.油桃　中油13号（7月上中旬）、中油8号（8月中下旬）、望春（7月中下旬）、金美夏（7月中下旬）、京和油1号（7月中下旬）、瑞光22号（7月上旬）、瑞光27号（8月中下旬）、瑞光29号（7月下旬）、瑞光39号（8月中下旬）、瑞光45号（8月上旬）、万寿红（9月中旬）。

5.黄桃　早黄桃（7月中旬）、燕黄（9月上旬）。

注：*为成熟期。

六、果办精神

（一）简介

平谷县人民政府果品办公室成立于1991年。在县果品办公室成立之前，全县包括大桃在内的果品生产管理职能设在林业局果树科。2002年，平谷撤县设区后改名为平谷区人民政府果品办公室。果品办公室的主要职能是贯彻落实有关果品产业发展的政策；制定落实果品产业的发展规划、计划；制定果树标准化生产标准和技术操作规程；新技术、新品种的引进和试验、示范、推广；果树技术培训等10余项。

果品办公室自成立以来，对内，区果品办公室始终坚持"三比、三靠、三带头"："三比"即比贡献、比团结、比进步；"三靠"即靠事业凝聚队伍、靠感情凝聚队伍、靠民主集中制凝聚队伍；"三带头"：即党员带头、班子带头、班长带头。对外，区果品办公室始终秉承"情为民所系，权为民所用，利为民所谋"的理念，对待果农如亲人，真心诚意地帮助农民增收致富，满腔热情地为农民排忧解难，把果农的作息时间当作自己的作息时间，没有固定的作息时间表，没有节假日，没有双休日，不管是刮风下雨，还是冰天雪地，每天上山下滩，进农户、入果园，坚持常年深入生产第一线搞技术指导培训、科技示范研究、新品种示范推广，把汗水洒到果园，把调研搞到果园，把科技引入果园，把真情献给果园，打造了一支具有凝聚力、战斗力、创造力，敢打硬仗、能打硬仗的机关队伍，先后实施了山区综合开发"8515"林果富民工程、大桃一品带动战略、桃周年生产战略、大桃标准化生产示范工程、"十、百、千"科技示范富民工程、大桃增甜工程、高密植果园建设工程、桃绿色防控技术工程、电商销售等工程，促进了平谷以大桃为主导的果品产业的发展，产业规模逐年增加，果品质量得以提高，农民的钱袋子逐年鼓了起来。

多年来，果品办公室领导干部、职工拧成一股绳，劲往一处使、心往一块想，全身心地投入到以大桃产业为主的果品产业建设之中，形成了很强地向心力，赢得了老百姓的认可，被果农们亲切地称为"京东绿谷'果办人'"，还编了这样的顺口溜："有难事找果办，山沟里找最方便；果办人讲实干，整天围咱果农转；果办人做示范，出的招数最灵验；谢果办最难办，想送果时人不见；夸果办赞果办，心系果农做贡献。"果品办公室由于业绩突出，先后荣获了"全国先进基层党组织""北京市先进基层党支部""北京市模范集体""北京市人民满意公务员集体"等国家级、市级荣誉称号。平谷也获得了"中国名特优经济林桃之乡""中国优质桃基地县"、"全国经济林建设先进县""全国生态建设先进区""种植桃树最大的区（县）"等多项国家级荣誉称号。

果品办公室这个集体得到了区委、区政府的充分肯定，赢得了广大基层干部和果农的信赖，成为全区干部学习的典范。

2005年2月，在平谷区保持共产党员先进性教育活动中，时任区委书记秦刚要求要进一步宣传区果品办公室的先进事迹，并号召全区党员干部向他们学习。随即，区委宣传部与区保持共产党员先进性教育办公室共同组织了"平谷区果品办公室先进事迹报告会"。在这次平谷区保持共产党员先进性教育活动中，"果办精神"第一次被提出，提炼概括为"为民、奉献、务实、创新、和谐"。

2014年，在群众路线教育实践活动中，平谷区委下发了《中共北京市平谷区委关于在全区学习"果办精神"活动的决定》，"果办精神"又被赋予了新的内涵："真情为民，实干创新"。在区果品办公室历届领导的带领下，"果办精神"将不断发扬光大。

（二）关于开展学习"果办精神"活动的决定

中共北京市平谷区委文件

京平发〔2014〕14 号

★

中共北京市平谷区委
关于在全区开展学习"果办精神"活动的决定
（2014 年 9 月 18 日）

平谷区果品办公室（以下简称"区果办"）成立于1991年。作为全区果品产业发展的业务主管部门，肩负着40.8万亩果品产业发展的重任，涉及全区17个乡镇、街道，160多个果树专业村，10多万名果农。20多年来，区果办始终以果业富民为奋斗目标，传承为民、务实、奉献、创新的精神，扎根一线，引领发展，实现了大桃产业规模从4万亩到22万亩；大桃品种从几十个到200多个；管理技术从20余项到40余项；大桃市场从1个到16个的巨大跨越。20多年如一日，区果办集体模范践行党的群众路线，始终把群众放在心上，体现了为民、务实、清廉的追求，为全区党员干部树立了模范榜样，得到了区委区政府的充分肯定和全区果农的一致赞扬。

区果办集体是新时期共产党员的优秀代表。他们的先进事迹，充分体现了党的全心全意为人民服务的宗旨，是群众路线的忠实践行者，具有鲜明的时代特征。为宣传区果办集体的先进事迹，弘扬"真情为民，实干创新"的工作精神，区委决定，在全区广泛开展学习"果办精神"活动。

学习他们真心真诚的为民情怀。20多年来，果办人始终传承着朴素的为民情感。他们遵农时、贴民心，对待果农如亲人，扑下身子，急群众所急，全天候、零距离手把手教技术，教管理，让百姓得实惠；对待果农如朋友，不厌其烦，反复动员，用真诚赢得信任，推动发展；对待果农如老师，在实践中向群众虚心学习，理论联系实际，提升管理水平。向果办人学习，就是要像他们那样，真心诚意为群众办实事、解难事、做好事，始终保持同人民群众的血肉联系。

学习他们苦干实干的工作作风。20多年来，果办人始终坚持出实招、办实事、重实效的务实作风。几代果办领导始终坚持谋划在前，调研在前，管理在前，用表率作风赢得干部群众的尊重和信任；果办人遇到问题，集体研究，集体决策，心贴心、肩并肩，班子风清气正；果办人比奉献，比技术，比服务，取长补短的学习风气，提升了为民办事的工作能力。向果办人学习，就是

要像他们那样，忠于职守、敬业奉献，踏石留印、抓铁有痕，让工作经得起群众检验和历史考验。

学习他们创业创新的进取精神。20多年来，果办人把创新作为不辱使命的动力，不懈追求发展创新，实现了果品规模和品种的领先优势。探索技术创新，先后引进推广40多项综合配套集成技术，实现大桃生产由数量效益型向精品效益型的根本转变。力推管理创新，克服种植面积大、果农户多等难题，因地制宜，采取一包到底工作机制，提升管理效率。向果办人学习，就是要向他们那样，干一行，爱一行，钻一行，解放思想，勇于创新，敢为人先。

学习他们重才用才的开阔胸襟。20多年来，果办人始终以开阔的胸怀吸引人才。走出去主动请，引进来放手用，干起来大力扶，先后将国内外60多名果树专家引入平谷。在业务上指导，在生活上关心，在待遇上创造条件，言传身教，传帮带，引进人才无一外流。在科研项目和实践锻炼中，40多名同志，有17人获得高级工程师职称。向果办人学习，就是要像他们那样，确立重才、育才、聚才、用才制度，形成干事、想事、成事的工作氛围，用人才引领发展。

区委要求，全区各级党组织要高度重视、加强领导、精心组织，开展好学习"果办精神"活动，在全区迅速掀起学习活动热潮。要把学习活动与学习习近平总书记系列重要讲话精神结合起来，与党的群众路线教育实践活动结合起来，与本单位工作实际

和党员干部思想实际结合起来，采取专题座谈会、宣讲报告会和组织生活会等形式，切实增强学习活动的针对性和实效性。

区委号召，全区广大共产党员要以果办人为榜样，把"真情为民，实干创新"的"果办精神"植根于思想和行动中。要坚持不懈强化宗旨意识，解决好党员、干部是人民公仆的角色定位问题，党员、干部要时刻牢记为人民服务的责任和义务。要敬终如始、求真务实、奋发有为，带头改进工作作风，保持共产党人的政治本色，为实现"一区四化五谷"发展战略贡献力量！

（三）果品办主任

北京日报

BEIJING DAILY

北京日报社出版　国内统一刊号　CN11-0101　第16202号

1997年10月7日
星期二
农历丁丑年 九月初六

便民电话

市长：63088080　满意：63011234
急救：120　　　投诉：64923392
市政：63088467　邮编：63037131

江泽民主席会见华盛顿州州长

骆家辉说美国人民正期待着江主席对美国的国事访问

新华社北京10月6日电（记者杨国强）国家主席江泽民今天在中南海会见美国华盛顿州州长骆家辉时说，现在中美两国关系总的气氛是好的，双方高层往来频繁，经贸合作稳步发展，其他领域的交流与合作也不断扩大。

江泽民说：应克林顿总统的邀请，我将于10月下旬对美国进行国事访问。我期待着与克林顿总统就中美关系，当前的国际形势和共同关心的问题坦诚交换意见，在中美三个联合公报原则基础上共商中美关系大计，共同确立面向二十一世纪的中美关系的指导方针，推动中美关系健康、稳定发展。

江泽民对骆家辉就任美国历史上第一位华裔州长表示祝贺，并欣赏他担任州长后首次访华。江泽民说，华盛顿州是美国重要的大州，与亚洲关系密切，特别是近年来与中国经贸往来日趋密切，他欢迎更多的华盛顿州朋友来华作客，相信随着骆家辉的来访，华盛顿州与中国的交流与合作必将得到进一步发展。

会见中，骆家辉就江泽民民望他就任华盛顿州州长、地区、中国的交流与合作必将有了华盛顿州，在中美三个联合公报原则基础上共商中美关系大计。

骆家辉指出，华盛顿州与中国的关系源远流长，双方发展经贸合作、促进人员之间的友谊有很好的基础，他愿意担任州州长期间，为推动华盛顿州与中国在各个领域的交流与合作作出自己的努力。

他还，我愿意看到江泽民主席对美国的国事访问，他预祝江泽民与克林顿总统的会晤取得成果。江泽民还表示欢迎。

中国人民对外友好协会会长陈昊，国务院外办主任刘州华等参加了会见。

骆家辉是应四川省人民政府的邀请来访的。

依靠二百多专家，率领五万多果农，上靠领导，下靠群众，治山治水治穷，致美致绿致富，邢彦峰上任六年，全县果品产量增长一倍半，果农收入翻两番。他就是平谷县——

果品办主任
宁明

（一）

（二）

（三）

（上接第一版）

王教授被老邢的大将风度折服，老夫聊发少年狂，吃住在果农家，精心伺候果木。秋收时，板栗个大饱满，产量翻番，卖了好价钱。

此等契机，岂能放过。现场会轰轰烈烈，各乡从乡长到果农，密密匝匝上千人。老邢把教授推上台，王福堂的修剪技术，风靡全县。王教授成了明星，果农抢着让去家里吃饭。

把技术、信息送到家，农民有时也不买账。一棵桃树，开花四百多朵，不疏花疏果，将结桃子三百多个，每个果重也就二三两；疏花疏果，结一百个桃子，每个六七两重。果品市场，竞争激烈，质优价高，理所当然。讲大道理、算经济账，收效都不大。

费尽心血，屡战屡败。专家没招儿了，脸上愁云密布；老邢心急，脸上却阳光灿烂。这是攻心战，他在等待战机。

苦心人，天不负。果农李佐生，承包河滩地上百棵桃树，地薄树老。李佐生坚持疏花疏果，每个大桃都七八两重。收获季节，果贩闻风而至，进果园抢摘，每公斤付5元。而邻居，追求高产，质量太次，一筐卖五元，仍无人问津。

让农民教育农民。他带着李佐生，一个乡一个村地巡回讲演，现身说法。李老汉，手攥十万元，笑容如桃花灿烂。果农在宣传攻势下，心服口服，旧观念土崩瓦解，山村掀起科技热。

孙子曰：上兵伐谋。老邢深谙此道。

果品办每年发三万多份实用技术资料，每年办五百多期培训班，组织几十场巡回报告，在县电视台开办花果飘香节目。能想到的都做到了。

老邢脑勤，新点子层出不穷。今年是质量年，下月是效益月。总之，五万果农，谁也别闲着。冬闲，他带领技术人员外出参观。外省新技术、新品种，冬天才冒头，春天准备在平谷生根发芽。

县领导和果农不知怎么表达喜爱之情："老邢，真行！"老邢闻听，幽默地说："我不行！"这是谦逊，更是实情。不行，是指身体，一天到晚腹泻，咳嗽带喘，累得有点挺不住了，真想挂印收兵。但是，果品统帅深知自己是过河卒子，只能前冲，绝无退路。每年百余次深入山区，手把手教果农栽培、修剪、打药。果粮间作刚获奖，又马不停蹄地大搞荒山综合开发。

平谷在全国果品百强县中，列第五十三位。老邢憋着一股劲，上靠领导，下靠群众，争取两三年内进入全国果品十强县，实现一人一亩经济园，一户一个技术员。

四十八家建设企业展示改革新成就

本报讯 "迈向新世纪的中国城市"——首届48家全国建设知名企事业单位同贺国庆48周年大型联合献辞活动日前在京举行。由中国建设报社主办、浙江广厦建筑集团公司联合发起、江苏伟丰集团公司协办的大型联合献辞活动，是全国3500多万建设职工向建国48周年献上的一份厚礼。活动旨在向海内外全面系统地展示改革开放以来，建设系统取得的巨大成就，进一步树立中国稳定繁荣、充满生机、更加开放的形象。（印生）

（四）桃谷有群"果司令"

BEIJING DAILY
2014年10月10日 星期五 农历甲午年九月十七 今日二十版

白天：山区有中度霾，平原地区有重度霾 东转南风一二级 22℃／夜间：霾转雾 偏南风一二级 13℃

在京郊平谷，有这么一个政府部门，他们的作息时间不是"朝九晚五"，而是依农时而定；他们的办公地点常年在田间地头；他们的手机里，储存着几百个农民的电话号码……

桃 谷 有 群 "果 司 令"

本报记者 巩峥 李祥

天上有个蟠桃园，是西王母的；地上有个大桃园，是平谷人的。

平谷是桃乡。论规模，这里22万亩桃林遮天蔽日，全球最大；论产量，每年产桃5亿多斤，哪哪排列绵绵烧地绵一周有余；论品种，280多种解馋，嫦娥满目，"清水白"插进嘴里就能喝，"八月脆"一掰汁水四溅，"大寿桃"一个重达2斤……从早春到入秋，周周有新品或熟；论效益，桃产业链入10万农民，生意做到国内三十余省市，亚洲败美十几国，一年入账11.8亿元，收入占全市桃产业的八成。

平谷的桃生意是怎么红火起来的？桃农们说，我们背后有一帮"果司令"。

"果司令"的由来

最早兴起大桃产业的后北宫村，老辈人口耳相传，明清即曾向皇家贡桃。可追记到60年代，整个平谷只剩山间黑毛桃。被划"以桃为网"，林果无立足之地。而平谷多薄沙河滩地，不宜种粮、硬种，产量低惯壮皮。

穷则思变。上世纪70年代初，后北宫村偷偷借北京农林科学院专家进村指路。专家慧眼，一语道破：此地适宜种桃，遂引种了"白凤""五月鲜""26号"六七个品种。头八十亩小规模试种。大桃产业星火由此点燃。

三年挂果，立竿见影。桃子一斤卖到两三毛钱，远超粮食，赚翻了。

1985年，责任田分到户，大伙儿一拥而上栽桃。全村桃林猛增至2500亩。一时间，以后北宫村为中心，桃海连绵蔓延及周边。到上世纪80年代末，大华山、王辛庄、峪口、刘家店、镇儿桃子等乡镇已成桃林连片，共计4万亩。

可大桃突然波浪不动了。1990年七八月间，大滞销，"白凤""五月鲜""26号"上百万吨烂于树上。这些都属软熟桃质，不耐藏，顶多保质两三天，卖不掉，烂得快。种桃大户胆海全损失惨重，干脆来他家查看情况，他连连便问："这桃还种不种了，谁能告诉我？"

一场滞销愁动全市，果农痛心的发问惊醒平谷。1991年后，"果办"最初有12人，为首的邢彦峰、四十不惑，从大华山镇党委副书记上被点到果用，其余骨干都是县林业局乘科研或技术人员。

"果司令""四海请"仙"

"果办"开门头件事：查滞销根源。日日下多三个月，结论有了：关键是缺技术、乏品种，当务之急是依靠科技，拉长大桃上市时间。

要让桃子排开"档期"上市，那也算是一个高精尖的课题，哥儿几个一合计，请高人。

1995年，温室栽培尚属前沿技术，它能让桃在青黄不接时结果子。谁都遇这门技术？石家庄果树研究所专家彭景夷。

正月，邢彦峰带上三同事上门拜年请高仙。谁想，当头吃了门闭门羹。赵景秀已退休在家，不愿再受奔波之苦，婉言谢绝。

一次不行再去，再三、再四，软磨硬泡。"我的成就这扒在论文里、躺在实验室，可到了平谷，那就是实实在在的生产力。""只要您肯到平谷，一切后顾之忧我们全包了。"往返五次，终于打动了赵景秀，老先生紧握邢彦峰的手："啥也用说了，去平谷。"

赵景秀在平谷一待10年，模索出一套适合当地的温室桃栽培技术，使平谷大桃上市时间从七月份一下提前到3月中旬。全县温室桃树面积迅速增至8000亩。

不光是一个赵景秀。只要是果术专家，不管认不认识，"果办"一律登门，先率上家的的果子请专家品评，等着换批。等专家批完，立马开拐，恭请出山。

很快，阵容强大的果品产业顾问团组建起来。北方果树专家组组长冯晓琳、河北农大教授吕宝瑶、果树所所教授王福堂、河北农大教授马宝观、北京林业研究所所长王占莲……海内高南有名的专家漾纷至沓来，至今已达60余位。

1997年，经冯晓琳等顾问推荐，"果办"率

全县果农骨干取经经山东，那里种"中华寿桃"，个头大、甜度高，平均一个都在一斤以上，最大的能长到两斤，人称"桃中之王"。且10月底才能成熟，到时群果已凋，唯它独领风骚。

果断引种，稻地村果农王志广第一个吃螃蟹。可惜嫁接的15棵"中华寿桃"，只成活3棵。邢彦峰携高琢下骨干寸土龙、韩新明询同问，找症结，原来这桃幼树抗寒力强氏，得给找个个好靠山。于是可改良嫁接技术，"果办"们出招，把苗接在抗寒力强的大树高处上，转过年来，满树红桃又大又鲜。

"果办"马上大搡这一新技术传给数百户桃农，千余亩"中华寿桃"翌然成林。

前有温室桃3月冲锋，后有"中华寿桃"11月压轴，中间又引进了"红不软""华玉""艳丰""瑞雄4号"等脆甜、禁摘的硬桃。其中"红不软"长在树上可留至9月中旬，揭下来室温下能存20天。

如此这般，三季有鲜桃，早、中、晚熟相互搭配，黄桃、白桃、蟠桃、脆桃四大系列280余品种，花攒接天下，似水长流。

"办公室里不产果"

"招啊！史上最倾家志事：早七点到晚七点，万亩桃林办公，周身无甲藏，全天闻花香，时时飞山顿迹，融入自然……"

这是"果办"的小伙子关伤自编的段子，苦中作乐，却道出了"果办"多少年来一条不成文的规则：上下班别打卡考勤，作息完全按农时而定。

1991年，"果办"成立之初，"一张桌子一把椅子，一辆汽普是破的。""口口相传的顺口溜，是当时的真实写照。

主任邢彦峰想上下乡调查，日日地头办螃蟹。单位没车就起大早骑自行车，实在通远就蹭农民的顺风车。"果办"人员每天早晨七点准时到岗，比出早摊还苦才，到了盛果时竹，清晨四五点钟全体下乡，跟着果农一起扎忙活。

2006年7月，关伟从北京农学院研究生毕业，入职平谷果品办，上班第一天就干了19个小时。

"大安，起来没？下乡拉练，车在门口，这就走！"没听清推打开的吼，关伟也不习洗脸刷牙，胡乱穿上衣服，关伤从宿舍住所跑。上车后才知道，"拉练"是去了解各大桃市场销售情况，每到一个市场，同事们就分头冒路，沿着摊位调查桃价和栏果情况，买了又迅速上车，赶往下一站。十多个市场马不停顿地转完，回到单位已7点钟了，简单吃过早餐后，马上开会研究当前栏果病的防治办法。

8点10分，关伤又返着回同事刘祥林出发，这回踏到大丈庄镇开村做果农培训。

讲完这个又正在一个一个村，果农问题五花八门，两人说得口干舌燥。累了一天，回单位食堂吃饭，只素素吃、吃完开会。"刘祥林的一句话，差点让实伤把嘴里的饭吐出来。这一开不要紧，直到深夜十二点才散。

（下转第二版）

多些这样的精神和干劲

京平

平谷"果司令"的故事让人眼前一亮。他们身上的一种精神，揭示了基层党员干部如何干事创业、服务群众、赢得群众爱护的秘诀。

是什么样的精神呢？是一股干劲，立煌大事、于大事，把群众需求和地区发展紧紧牵在，斯于服从、攻坚克难，为约就是人与农民同心，哪里有需要在哪里，哪里有群众就在哪里，细致融入的工作，是一种立桩，是不辞劳苦的奉献；是有心人、找痛苦，有政治地区特色产业、带领农民增收致富，带着己的先如稳播惠全县千家万户。当地干部一口一个"果司令"，正是对时代新的精神致敬的表现。

身在最基层，最知民生疾，也最能知民

生疾，这是基层干部的独特价值。他们就是政府的"桃"，也是百姓的"天"，以最接地气、最生动解决的方式为群众服务。有真心才有干劲，有干劲就有奉，有这样一群"果司令"始终根群众一起干——一起过，何愁发展的路永远满福果、充满希望？

不管时代怎么变，基层干部干事创业的热不能变。第一批邢彦峰用实践活动在农民家门口开展，群众现在还说念念不忘，归里真实行动给出的果香最好的回答。多些这样的精神和干劲，让群众看到变化、得到实惠、感到满意，我们的工作就能与越越实，脚下越有劲，首都发展就能更上新台阶。

（上接第一版）散会后，刘祥林拍拍徒弟肩膀；赶紧睡觉去，以后天天都这么早起了。等啥？夏天收手也能这么晚，早点钟上班，果农都回家躲太阳去了。

"'果办'人有句挂嘴边上的话——'办公室里不产果'。上班两天，我就体会到了这话背后的含义。关伟说。

遮天灾时，还意味着随即要晴天、冰雹等天灾，"果办"人要第一时间出现在果园。

2012年7月10日傍晚，大华山村突降冰雹，冰雹最大直径达50毫米，果园损失惨重，2500多亩桃子一半以上"雹落糕疤伤。

雨还没停，村支书刘振武的手机就响了，"果办"的人已到现场，语气比火烧还急，电话中就点出了村西大樱桃园等灾情最重的园子，叫支书赶紧加派人手，减小损失。

刘振武一听，都是些半山腰上的偏僻园子，村民未必都知道去处，黑灯瞎火，又下着雨，真不知"果司令"们如何演的这出"天降神兵"。

今春，黑斑病菌再次肆虐，这是桃树顽疾，稍一疏忽会成灭顶之灾。"果办"主任李福芝、副主任任相堂轮番带队，六天五宿下到各村组织联防，阻击、围剿，保住了今年的收成。

日复一日，田间地头，"果办"人个个晒得黑里透亮，谁要是脸白自己都会觉得别扭。农民们开玩笑说："看着像烧更的，近看是'果办'的。""果司令"们却言正色道，此乃正经八百健康色。

一户桃农一个贴身顾问

在平谷，种桃农民家家户户都挂着张特殊的年历。

一张防水硬纸，纸上满是格子。12个月份一月一大格，哪天该剪枝、哪天该追肥，剪怎样的枝、追何种肥……格里白纸黑字，一清二楚。跟着做，准没错。

它的出现，源于一场误会。

1999年春，新上任的技术员郑强到黄松峪乡讲春剪，提到"冬剪只疏过密，不短截，春季复剪时短截"的技术，可老农在本子上记乱了，把"冬"和"春"弄下了。

到了剪枝的日子，老农犯了难：前后两句话活矛盾，一冬一春，该照哪个来呀？邻居们也都没记笔记。郑强到农家地头查看时，老农民翻出笔记质问："你这两句话自己阵咋晓牛，我怎么剪啊！"小郑赶紧解释，帮老农人补全笔记，还帮他搞好接。

这一个小插曲，郑强归为自己没经验。谁承想，当年"果办"的总结会上，下乡技术员都提到了农民对复杂技术记不清、易记混的问题。大伙几开始琢磨，何将这些知识印在果农常接触的物件上。

究竟该印在什么上呢？"果司令"们为此费劲了番脑筋。周土龙说，把技术都印到扑克牌上，54张牌、54门课，农民使用率高，爱丢、易损。天久山说，印成口袋书，随身一揣，随时能看。于小春

立马反驳，果农下地干活，最不爱随身带东西，不方便。

老主任邢彦峰觉得，首先，这个东西要和桃农生活贴近，最好每天、每月都能接触到；其次，要简单有效、一目了然。"相当于给每户桃农配的个贴身顾问。"闻听此言，郑强灵光乍现：果农家里都有挂年历的习惯，不如印在年历上！

此言一出，大伙齐赞。"技术每年都会更新，正好一年年地印在挂历上，成本不高又实用。""农民拍枝头就能看到，按照时节把技术写在相应的月份里。挂历就成技术大全了。"

于是，2000年正月刚过，科技年历便跟随"果办"的下乡技术员来到128个大桃生产专业村，走进4万户果农家。成本四元的年历，桃农只需花一块钱。此后，"果办"每年根据各村的定量，送年历上门。

刘家店镇寅洞村桃农刑新朋至今保留着所有15张科技年历，每年必读，从头到尾一字不落。六月夏剪，则防落果；同时就蔬，背上果、基部果、小果、酸形果、病虫果都掐掉——这样的老农跟图是一天的老张记账。

贴心的服务还有很多。

技术员喻永强主抓防病虫害。他老家在怀柔，回去一趟比其他同事都远。为了不耽误工作，他把自己联系过的600家人、朋友、同学、同事的电话号码全存在手机里，而家人、朋友、同学、同事的电话加一块儿才有200个。

每天，喻永强的电话几乎成了桃农专线，随时会接到来自不同桃园的电话。小问题电话解决，大难题赶赴现场指导。2009年7月，在怀柔家里的喻永强接到甘营村果农贾德全焦急的电话："相当于什么'穿孔病'啊，你是不是穿孔病呀？"喻永强一听急了，赶紧开车从180多里外的老家往回赶。他担心是细菌性穿孔病，那可糟了，不光掉果、掉叶，没有收成，还传染，周围的果树也难逃一劫。一边往回赶，他一边打遍周边乡镇负责人的电话，并约上果品办植保科长韩新明，一起赶到贾德全的桃园。

果如其料。喻永强赶紧打开大喇叭，喊全村果农集合，手把手教大家怎么认病、防治，又反复报出自己的电话："有问题、随时找我。"

"随时找我"，这是桃农从他们的"果司令"口中听到最多的一句话。平常亲切的一句话，背后是23年风雨无阻的全情付出。

如今，平谷的桃产业已经做成品牌，给当地农民带来可可观的收入；"果办"也年轻人越来越多，但拼命三郎的劲头没有变，深入到田间地头为农服务的作风没有变。

果品办公室墙上挂着老主任邢彦峰写的一副对联。上联：泊心泊水泊治学；下联：致美致绿致富。横批：求实求真求新。"现在'果办'主任李福芝说。

（五）科技催得大桃红

北京日报
BEIJING DAILY
代号1——13

1995年8月20日　星期日

农历乙亥年　七月廿五　廿八处暑

晴间多云 温度32℃—20℃ 降水概率10%

便民电话

市　长：3088080　　消　协：3011234
急　救：120　　　　技　监：4923392
市　政：3088467　　邮　编：3037131

科技催得大桃红

提起平谷县的忙人，人们少不了要说到人称"大桃王"的农民专家岳长文。这位花甲老人，一年中至少有200天去各村讲学，指导生产。今年5月果品质量重点月中，他曾一天"赶三场"，上午在王辛庄、峪口两乡镇讲课，下午又到了南独乐河。

忙的专家不只岳长文。

市农科院果树研究所副研究员张克斌、研究员王以莲、市植保站罗继德等专家，如今成了平谷桃农们"争抢"的对象。在各村讲完课，老百姓仍围着不让走，争抢着请专家看看自己种的桃，解答问题。

专家成了"明星"，农民自己的科技队伍也发展壮大。近年来，平谷县已有高级农艺师2名，农艺师15名，助理农艺师24名，技术员245名。

这股从县城到山村的科技潮，在平谷县形成一股又一股热浪，催红了十万亩桃林。那一阵阵沁人心脾的浓桃香，醉了平谷县。

科学技术创造出奇迹。

短短10年工夫，过去基本上不产商品桃的平谷县，变成了全国第一大产桃县。名不见经传的燕山脚下的后北宫村，成为全国最大的大桃集散地，去年一亿多斤大桃从这里运往广州、深圳，内蒙古、吉林、运往港、澳、新加坡、俄罗斯……

从6月上旬开始，直到国庆佳节，在将近4个多月的时间里，平谷县都有鲜桃上市，近400个品种的鲜桃，给国内外消费者带来美味。

面对如此火爆的市场，如此醉人的香甜，农民们不会忘记：

1978年，市农科院果树研究所的王以莲、傅惠芬等专家，在被人断言"不是种桃的地方"的后北宫村考察，认为这里水好，土质适宜，不仅可以种桃，而且能够长出好桃。

几年的工夫，后北宫村5000多亩地，变成了"桃花盛开的地方"，春来一片嫩粉，引得蜂追蝶舞；夏至绿映艳红，香招八方桃贩。

桃未下树，香港等地的贸易公司就派人到后北宫来"坐等"，单果重250克以上的优质桃，他们高价收购。当果农们享受着丰收的喜悦时，他们不会忘记：

桃三杏四梨五年。桃农们看到两年前栽种的桃树开花时，那种兴奋难以描绘。然而，农业专家却让他们春天疏花，然后疏果，降低产量。

很多人不理解，有人顶着不疏。但是，疏了果的桃树，结出单果半斤以上的桃子，卖出了好价钱。去年9月中旬，一种叫"8月脆"的大桃，平均售价每公斤10元，高者达14元。然而那些2两左右的小桃，尽管没少挂果，但只能成筐地运往食品厂做罐头、榨桃汁。

大桃又叫"隔夜愁"。为什么如今果农栽种10万亩桃仍不愁？一是后北宫桃市吞吐量大，大部分鲜桃及时地运往天南地北。一是专家们帮助果农找到保鲜的办法。

在平谷县，鲜桃能够保存一个月色、香、味、型不变，10月份仍能有好桃上市。同时，专家们还试验出鲜桃冻片、鲜桃脆片和浓缩桃汁、鲜桃罐头一起，出口到西欧、日本等地区和国家。

"隔夜愁"终于红透了半边天。

为了让平谷县的大桃更红，科技人员和果农们的手拉得更紧了。

寒冬腊月，专家们指导果农在日光温室里生产出大桃。人们宁吃"鲜桃一口"，冬季京城果品里又刮进一场"科技旋风"。

一个师傅一个手艺，一家种的桃一个味。怎样才能让平谷桃的味道更美？胡家店村的500果农，不仅请来专家，还请来电脑。把专家的智慧和农民的经验输了进去，由电脑指挥何时浇水，何时施肥，何时打药，何时采摘……电子计算机给大桃生产提供了最佳方案。新技术、新工艺层出不穷。今年，为了降低桃上的农药残留量，后北宫开始为树上的鲜桃"穿新衣"，每个桃上套一个袋子。尽管果农们的劳动量增大不少，但生产出的大桃，达到了国际水准。

几分耕耘，几分收获。

平谷县在短短的10年发展成为全国第一大产桃县。科技能量在平谷县大桃发展过程中找到了载体，如同原子核反应一般，发挥出惊人的裂变效应。这再次证明了一个真理：科学技术是第一生产力。

本报记者　王增民　本报平谷县记者站记者　李永明

（六）十年崛起中国大桃第一县*

平谷原来不产商品桃，如今号称"中国大桃第一县"。在20世纪最后10年，平谷大桃生产突飞猛进，从农民个体的散户种植，演变成15万农民参与的产业，得益于改革开放的好政策。

1983年，大华山镇后北宫村实行家庭联产承包责任制，农民在3 000多亩薄河滩地栽上了大桃，使全村大桃种植面积达到5 500亩，成为平谷第一个大桃专业村。到20世纪80年代末，平谷集中连片的大桃只有4万亩。

平谷2/3是山区、半山区。各级干部认识到：山区怎么富？只有栽果树。1991年初，县委、县政府决定成立果品办公室，我从大华山镇调来任主任。

我带人调查研究，总结分析出平谷有沟河、洳河冲击而成的沙质地和河滩地十几万亩，发展大桃具有得天独厚的优势。我以书面的形式向县委、县政府提出了实施"大桃一品带动的果品产业发展战略"的建议。得到了时任县委书记的刘福海同志和主管农业的副县长付朝永同志的大力支持。

十多年的时间，我带领果品办公室的同事帮助策划、指导了小峪子、鱼子山、万庄子、关上、东马各庄和挂甲峪等一大批经济沟开发和山区综合开发，综合治理荒山、荒沟、荒滩、荒川20.6万亩，建成了高标准果品基地，实现了大桃上山、入滩、入川栽培，平谷果树面积由1990年的14.9万亩增到现在的40.8万亩。20世纪90年代中期，我们参与了挂甲峪村山区综合开发规划，上山栽培大桃10多万株，成为区委、区政府主抓的生态观光型山区综合开发和社会主义新农村建设典型。经过10多年的建设，挂甲峪村实现了大桃栽上山、科技跟上山、道路修上山、水利蓄上山、有机果品抓上山、再生能源用上山、电信网络布上山、文体项目搞上山、观光游客住上山、生态别墅新村建上山这"十上山"。王岐山等有关同志到挂甲峪考察时都给予了高度评价。2004年10月2日，胡锦涛总书记到北京考察时，挂甲峪村党支部书记张朝起向总书记汇报了这一情况。

到去年底，平谷大桃面积达到22万亩，占北京市大桃种植总面积的46.5%，总产2.81亿千克，占北京市总产量的75.9%，总收入5.96亿元，占北京市大桃总收入7.3亿元的81.6%。

平谷大桃成为全国特色农业的代表。

邢彦峰
刊登于2008年11月3日《北京日报》

* 平谷县于2002年改称平谷区。

（七）北京市平谷区果品办公室创先争优活动侧记

让每一户果农都增收致富

有这样一组耐人寻味的数字：

一是平谷区果树面积占全市1/6，果品收入占全市果品收入近1/3；

二是北京市大桃种植面积47万亩，平谷区22万亩；北京市大桃收入10个亿，平谷区占8个亿；

三是北京市30.9万户果农户均果品收入1.03万元，平谷区4.5万户果农户均果品收入2.24万元。

2009年的这一组数字，充分说明了平谷区果树生产技术水平高、管理水平高和富民能力高。

好成绩来自于高付出，来自于平谷区果品办公室20年间，一直发扬"开拓进取、奋力拼搏、无私奉献、为民服务"的果办精神，来自于不断推进创先争优，来自于不断实践奋力赶超、加快发展。

7月中旬的这几天连续阴雨，这种情况下容易发生烂果病、褐腐病以及食心虫害。针对这些情况，果品办公室党支部利用每晚的工作研讨会，组织大家积极协商解决这个问题，拿出可行方案后又连夜印制出10 000份宣传单，第二天早晨果农5、6点钟下地干活的时候，不仅有果品办公室的技术专家给予现场讲解示范，而且预防病虫害发生的技术宣传单也已经发到他们手上。同时，还将通过数控广播、区电视台天气预报时段的公益广告等多种形式及时发布，确保每一名果农知晓，也就是不让一户果农有一点损失。

让大家记忆深刻的还有，去年冬天的寒冻和今年春天长期的超低温，严重推迟了桃树的花期，果农们对今年大桃的产量心里没了底，焦躁和不安像乌云一样写满他们黝黑的脸庞。急果农所急！面对这严峻的新灾害，同样又是党支部书记邢彦峰，带领所有专家和技术人员一起攻坚克难，夜以继日的调研、思考、探讨、论证，终于研究出"喷施植物保护剂、包裹冻裂的树干、覆盖黑地膜、强化授粉、保花保果、合理负载"等一系列技术措施，全面实施了大桃增甜工程，这些措施，不仅减轻了冻害给果品生产造成的损失，而且，今年早熟精品桃销售价格高于去年30%以上，果农兴奋地直说："果办的专家就是棒，这桃树可还阳（有精气神）了！"

果品办公室党支部这个全国先进基层党组织，不仅是技术人员业务上的战斗堡垒，也是大家生活上、思想上、心理上的战斗堡垒。

朱雅静，中国农业大学果树专业的研究生，也是果品办公室引进的人才。作为非北京籍贯的她，因为没有家人、没有亲戚在身边，偶尔会产生一些无依无靠的感觉。一次，她的爱人，不小心被机动车碰了一下，受了轻伤，没经过世事历练的她，一下子慌了神，让她没想到的是，她前脚刚到医院，支部书记就带着班子成员及时赶到了医院。那一刻，无依无靠的感觉一下子飞到了九霄云外，强大的暖流像海浪一样冲击着、温暖着她的心：果办就是我的家！支部就是我的家！

群雁高飞头雁领。早出晚归，深入山间谷地，踏遍沟沟坎坎，摽着劲的干工作，果办人二十年如一日，"5+2、白加黑"的工作着，这么昂扬的工作精神，这么旺盛的工作状态，关键是缘于有一个团结、拼搏、奋进的领导集体。

"每天都是早上7点前上班，晚上10点以前很少回家，每天工作都在十几个小时以上，逢年过节也不例外。一年365天，他全部的时间就是工作。他没有什么嗜好，满脑子都是工作，满脑子都是好点子、好主意，工作是他最大的快乐。除去党务工作、政务工作，作为高级工程师，他还负责着北大片。"同事们这样评价着"全国人民满意公务员"、主任邢彦峰，长期的亚健康状态，时常发作的肠胃病，还有严重的痛风病，从没有阻挡住他前进的步伐。果农们老远的看到他，都亲切地喊："'果树司令'来啦。"

有一次，邢彦峰随市农口考察团到外地考察。人在外地，可心里却惦记着全区正在进行的"大桃管理质量重点月"工作。夜深人静，熟睡的邢彦峰突然说起了梦话："关于大桃生产，由于时间关系，我不再多讲了，下面，再讲三个问题……"第二天早起，和他同住一屋的市农委领导说："老邢，你太投入了，做梦都想着大桃！"是啊，为了果树，为了果农，邢彦峰没早没晚付出了全部心血。有一次半夜回家的他，在卫生间竟坐在马桶上睡着了。

师冲锋，将必更冲锋。

前些时候，副主任、高级工程师许跃东一直忙于检查验收春栽果树的成活率等时效性极强的工作。恰在此时，患有脑血栓病的父亲八天八夜没吃没喝，病危的时候家里人让他给选个墓地，抽不出身的他只好委托朋友帮忙，而他自己仍然和果树在一起，和果农在一起，仍然行走在广袤的天地间……而今老父亲仍然病重，他委托家人照看着。他不是冷血，他在用人间大爱默默地敬献着大孝！

每年都要撰写各类公文材料50万字的副主任、高级工程师杜相堂，不仅要安排好白天工作时间林林总总的事项，还要在夜深人静的总结会后，及时地把材料整理出来，每当黎明的阳光洒满果树的时候，新技术、新要求也像阳光一样溢满果园的角角落落。

总工程师、推广研究员、享受国务院特殊政府津贴的专家周士龙，不仅在业务上为果树、为果农殚精竭虑、流汗流血，还在拔尖人才的引进上不断立功，先后从外省将5名高级、中级科技人才引进到平谷，邢主任曾夸奖他说："你引进的人才真叫棒，你是果办的伯乐。"

……

果品办公室成立20年来，凡是主要的工作、紧急的工作、为难的工作都是党员冲在前。为加快果品产业发展，果品办公室实行了科技人员包乡镇制度，9名包乡镇组长均是党员。为了抓好大桃精品战略实施，他们示范推广了22项桃树管理综合配套技术，总结推广了9项大桃增甜提质关键技术。为了让广大果农掌握这些技术，他们天天到各村宣传发动，白天指导技术、抓培训，晚上开碰头会，解决随时出现的新问题，每天工作都在10几个小时以上，从无怨言。他们知道，靠打电话、发文件是完成不好工作任务的。

多年来的果办精神感染着每位新人、感动着每位新人，使他们迅速成为了"果办人"。2007年毕业于北京农学院果树专业的研究生、共产党员关伟，到果办上班头一天就和大家一起工作了19个小时，早晨4点钟集体下乡，晚上11点开完总结汇报会。这个年轻人不仅有知识，还能迅速按农民思路开展工作。很快他就担任了平原组组长职务。平原地带，土、肥、水条件比较好，致使有些桃园出现郁闭，果实着色不好，很难实现高效益。于是他想推广隔株间伐、隔行间伐技术，可一听说要锯枝砍树，又没有果农愿意干了。为此吃不好、睡不好的关伟，灵机一动，用开玩笑的口吻"磨"起了一位村书记："您是书记，您得带头呀！""您要是不反对，我准备明天在您家果树地开现场会了。"当同样的2亩地，由原来的6 000元增收到16 000元的时候，书记笑得合不拢嘴了，全村人都积极地找关伟来了，新技术在平原片迅速推广开来。

共产党员田顺宝，是夏各庄管片的技术员。在抓大桃增甜示范园的工作中，他那遇到了一个不是技术的难题：在他辖区内，有一户新组合的家庭，双方都还背负着外债，根本支付不起20亩桃园需要投入的资金。但他们的积极性非常高，也企盼着通过增甜提质来达到增收，好改变一下家庭经济状况。老田看在眼里，急在心上。在和老伴商量好之后，老田从自己家里拿出了16 000元，给予垫资，解决了果农的燃眉之急。因为工程质量高，主管此项工作的副区长带队还在他家果园开了现场会。当知道老田也并不富裕，那家果农说："太感谢您了，我们都不知道说什么好了。"朴实的老田说："这是我愿意做的。"

共产党员、果树科科长闫凤姣在刚刚过去的"七一"被评选为北京市"群众心目中的好党员"。果品办公室是个有着40余人的集体，这是"人民满意的公务员集体"，这是一个赢得了太多荣誉的集体，他们中的每一个人都是优秀的，都有着讲不完的感人故事，他们都是一颗颗闪光的珍珠。果品办党组织战斗堡垒作用、干部骨干带头作用、广大党员先锋模范作用这根红线，将这些珍珠串成项链。这项链是华美的，更是朴实的！

不断富裕起来的广大果农，编了个顺口溜，来表达他们的心声："有难事找果办，山沟里找最方便；果办人讲实干，整天围咱果农转；果办人做示范，出的招数最灵验；谢果办最难办，想送果时人不见；夸果办赞果办，心系果农做贡献。"

"遇见困难，别人能克服，我也能。对于工作，只有完成""因为个人私事，影响了工作，在果办是最没面子的事""让每一户果农都增收致富是我最大的心愿。"这是果办人常说的几句话。100多面果农送来的锦旗，充分说明了果办人是说不完的，果办人为民服务的事迹是道不尽的。二十年来，果办人就是这样默默无求的进取着、拼搏着、奉献着，他们在用自己的行动，诠释着共产党员、共产党人的创先争优、诠释着奋力赶超加快发展、诠释着全心全意为人民服务！

王友河 王锦绘 杨晓森

（该文在2010年的《半月谈》发表）

第二篇 品种篇

春 雪

品种来源：美国选育的早熟桃品种，由山东省果树研究所引进。

品种分布：马坊镇、夏各庄镇、山东庄镇、金海湖镇。

植物学性状：树势旺，树姿开张。萌芽率中等，成枝力强。一年生枝黄褐色，新梢绿色，光滑，有光泽。叶片深绿色，叶片大，宽披针形，有皱褶，叶尖渐尖，叶基楔形，叶缘钝锯齿状，叶脉中密，叶腺肾形。花蔷薇形，粉红色，雌雄蕊等高，花粉量多。

果实性状：果实圆形，平均单果重203.0克，果顶尖圆，缝合线浅，茸毛短而稀，两侧较对称；果皮全面浓红色，果皮不易剥离；果肉白色，肉质硬脆，纤维少，风味甜，香气浓；可溶性固形物含量12.6%；粘核。7月上旬成熟。

综合评价：该品种是普通桃果个较大的早熟品种，属硬溶质桃，果实颜色全红、鲜艳，味脆甜，耐贮运，丰产，是优良的早熟品种。

栽培技术要点：

（1）该品种自花授粉，坐果量大，应注意疏花疏果，合理负载。

（2）幼树期要加强肥水管理，促其尽快形成树冠，在秋季多施有机肥，果实发育期适当补充磷、钾肥。

（3）及时防治病虫害，主要防治蚜虫、红蜘蛛。

花枝形态

单花形态

果实外观形态（平视）

多果组合

果实外观形态（俯视）

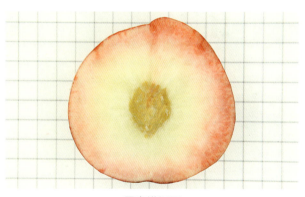

果实横切面

果　核

果实纵切面

春 美

品种来源： 中国农业科学院郑州果树研究所通过人工杂交培育而成。

品种分布： 夏各庄镇、山东庄镇。

植物学性状： 树体生长势中等，树姿较开张。萌芽率中等，成枝力强。一年生枝绿色，阳面浅紫红色。叶片长椭圆披针形，叶柄阳面呈浅紫红色，腺体2～3个，多为2个，腺体多为肾形，少数为圆形。花芽起始节位为1～3节，多为1～2节，花蔷薇形，花瓣粉色，花粉多。

果实性状： 果实近圆形，平均单果重189.0克；果顶尖圆，缝合线浅；果皮底色乳白色，成熟后着鲜红色；果肉白色，肉质细，浓甜，可溶性固形物含量12.7%；粘核。7月上旬成熟。

综合评价： 自然授粉，坐果率高，丰产。该品种外形美观，汁多味甜，是性状优良的早熟品种之一。

栽培技术要点：

（1）该品种果肉硬，品质好，外观全红，自花结实，不需配置授粉品种，产量高而稳定。

（2）幼树期要加强肥水管理，促进尽快形成树冠，盛果期后要适当疏花疏果，合理控制产量。

（3）肥料以秋施有机肥为主，果实发育期适当补充磷、钾肥。

（4）及时防治红蜘蛛、蚜虫等虫害。

花枝形态

单花形态

果实外观形态（平视）

多果组合

果实外观形态（俯视）

果实横切面

果　核

果实纵切面

京春（165号）

品种来源：北京市农林科学院林业果树研究所从早生黄金实生苗中选育。

品种分布：峪口镇、马坊镇等。

植物学性状：树姿半开张，树势健壮。萌芽率高，成枝力强。一年生枝条阳面紫红色，阴面绿色，皮孔较小。叶片长椭圆披针形，平展，叶色翠绿，叶缘钝锯齿状。花蔷薇形，花粉量多。

果实性状：果实近圆形，平均单果重163.0克；果顶圆平，缝合线较浅，两侧较对称；果皮底色绿白，阳面有红晕，易剥离；果肉白色，硬溶质，味甜，成熟后柔软多汁；可溶性固形物含量13.8％；粘核。6月下旬成熟。

综合评价：早果、丰产、稳产，外观美。

栽培技术要点：

（1）疏花疏果。应严格疏花疏果，使树体合理负载，提高果实商品率。

（2）加强夏剪、采收后注意控制新梢旺长，疏除过密过旺新梢。

（3）肥水管理。以有机肥为主，化肥为辅，雨季注意排水沥水。采前禁止大水漫灌。

（4）树形培养。采用开心形，栽植株行距以3米×6米为宜。

（5）主要防治疮痂病、细菌性穿孔病、蚜虫、食心虫、红蜘蛛等病虫害。

花枝形态

单花形态

果实外观形态（平视）

多果组合

果实外观形态（俯视）

果实横切面

果　核

果实纵切面

北京 8 号

品种来源：北京市农林科学院林业果树研究所。

品种分布：大华山镇、刘家店镇、平谷镇、金海湖镇、王辛庄镇、山东庄镇。

植物学性状：树姿半开张，树势中庸。萌芽率中等，成枝力中等。一年生枝条阳面褐色，阴面绿色，皮孔中密。叶片长椭圆披针形，叶缘钝锯齿状，叶片翠绿。花蔷薇形，花瓣粉白色，单瓣花，近萼处深红色，花瓣椭圆形，花量少。

果实性状：果实圆形，平均单果重226.0克；果顶微凸起，缝合线明显，近果柄处缝合线较深，缝合线两侧不对称；果面着均匀红晕，果皮底色黄白色；果肉绿白色，风味甜，成熟后柔软多汁；离核；可溶性固形物含量13.9%。7月底果实成熟。

综合评价：树势强，丰产性好，外观艳丽，品质优良。

栽培技术要点：

（1）加强土肥水管理，严禁采前大肥大水。

（2）修剪：注重加强夏剪，冬剪以整形为主。

（3）加强花期管理，严格疏花疏果。

（4）加强病虫害综合防治，特别是加强桃细菌性穿孔病防治。

花枝形态

单花形态

果实外观形态（平视）

多果组合

果实外观形态（俯视）

果实横切面

果　核

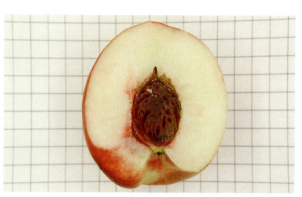

果实纵切面

谷 丰

品种来源：平谷区果品办公室用久保芽变选育出的早熟鲜食品种。

品种分布：南独乐河镇。

植物学性状：树势强，树姿半开张。萌芽率中等，成枝力强。一年生枝条绿色，向阳面微红，皮孔中密。叶片长披针形，叶柄短，中脉明显，叶片较平整，叶缘钝锯齿状。花蔷薇形，单瓣花，有重叠，粉白色，花粉多。

果实性状：果实近圆形，平均单果重268.0克；果顶圆微凹，缝合线较明显，果面着鲜红色霞红；果肉白色，肉质柔软，风味甜，有香气，可溶性固形物含量13.6%；离核。果实7月底成熟。

综合评价：丰产性好，采摘期长，耐贮运，综合性状好，是一个优良的白肉离核品种。

栽培技术要点：

（1）该品种坐果率高，注意疏花疏果，合理负载。

（2）树姿开张，整形时注意抬高角度，加强夏剪修剪。

（3）注意秋施基肥，果实膨大期以钾肥为主。

（4）注意培养结果枝组，实行交替结果，避免大小年发生。

花枝形态

单花形态

果实外观形态（平视）

多果组合

果实外观形态（俯视）

果实横切面

果　核

果实纵切面

久 红

品种来源： 河北科技师范学院从大久保桃自然实生后代中选出的新品种。

品种分布： 峪口镇、南独乐河镇、大兴庄镇、镇罗营镇、大华山镇。

植物学性状： 树势健壮，树姿开张。萌芽率高，成枝力强。一年生枝绿色，阳面暗红。叶为披针形，基部圆楔形，叶尖渐尖而斜，叶面平展，叶缘锯齿圆钝，蜜腺2~4个，肾形。花蔷薇形，花粉多。

果实性状： 果实圆形，平均单果重245.0克；缝合线较浅，两侧对称，果顶圆平或微凸；果实表面茸毛较短，果实底色白色，着鲜红色，着色度80%~90%；果肉白色，具有红色素，硬溶质，果汁中等，风味甜酸适度，可溶性固形物含量12.8%；离核。7月中下旬成熟。

综合评价： 该品种丰产性强，适应性良好，抗性强，遇特殊气候易出现落果现象。

栽培技术要点：

（1）土壤以沙壤土为宜，忌低洼地及盐碱地。适宜株行距（3~4）米×5米。

（2）树形采用三主枝开心形或二主枝Y形，主枝开张角度不宜过大。

（3）修剪以长枝修剪为主，加强夏季修剪、控制枝组背上旺梢。

（4）预防褐腐病、穿孔病、根癌病，以及桃蚜、红蜘蛛、潜叶蛾、介壳虫等。

（5）花期和幼果期注意疏花疏果。果实生长发育过程中保持充足肥水，肥料以有机肥为主，辅以适当氮肥和钾肥。

花枝形态

单花形态

果实外观形态（平视）

多果组合

果实外观形态（俯视）

果实横切面

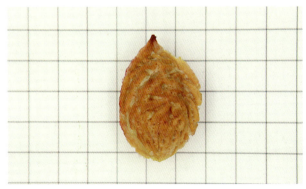

果　核

果实纵切面

京 红

品种来源： 北京市农林科学院林业果树研究所从离核水蜜桃自然授粉种子中选育而成。

品种分布： 峪口镇、南独乐河镇、大兴庄镇。

植物学性状： 树势强，树姿半开张。萌芽率高，成枝力强。一年生枝绿色，阳面暗红，节间平均长3.3厘米。叶为披针形，长19.0厘米，宽4.8厘米，基部圆楔形，叶尖渐尖而斜，叶面平展，叶缘锯齿圆钝，蜜腺2～4个，肾形。花蔷薇形，无花粉，雌蕊比雄蕊高，萼筒浅黄色。

果实性状： 果实圆形，平均单果重205.0克；果顶圆，缝合线浅，茸毛浓密；果皮底色黄白，阳面鲜红，茸毛少；果肉白，肉质细，果汁多，风味甜，可溶性固形物含量12.4%；粘核。7月上旬成熟。

综合评价： 该品种成熟早，品质较好，属硬溶质桃，风味甜，适应性较强。

栽培技术要点：

（1）幼树期要加强肥水管理，肥料以秋施基肥为主，果实发育期适当补充磷、钾肥，促进树冠尽快形成。

（2）盛果期后要适当疏果，合理控制产量。

（3）及时防治病虫害，主要防治蚜虫、潜叶蛾、桃下毛瘿螨。

（4）需要合理配置授粉树。

花枝形态

单花形态

果实外观形态（平视）

多果组合

果实外观形态（俯视）

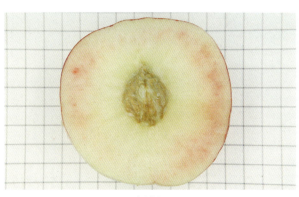

果实横切面

果　核

果实纵切面

加 纳 岩

品种来源：日本山梨县选育。

品种分布：大兴庄镇、金海湖镇。

植物学性状：树势强健。萌芽率高，成枝力强，生长旺盛。一年生枝条绿色，阳面浅红色。叶片长椭圆披针形，绿色，叶柄短，蜜腺肾形，1～3个。花蔷薇形，花瓣粉红色，无花粉。

果实性状：果实扁圆至圆形，平均单果重277.0克；果顶平，果面光洁，茸毛稀短，全面鲜红；果肉白色，完熟后汁多，可溶性固形物含量12.9%；粘核。7月上旬成熟。

综合评价：果实硕大，果形美，风味佳，硬度大，耐贮运。

栽培技术要点：

（1）建园时注意配置授粉树，花期以人工点授和对花为主。

（2）注意整形修剪，生长季加强夏剪，保持树体通风透光。

（3）重点防治桃细菌性黑斑病，坚持预防为主、综合防治的原则。

花枝形态

单花形态

果实外观形态（平视）

多果组合

果实外观形态（俯视）

果实横切面

果　核

果实纵切面

白 凤

品种来源： 日本神奈川县农事试验场用白桃×橘早生杂交育成。

品种分布： 刘家店镇、王辛庄镇。

植物学性状： 树势中等，树姿较开张。萌芽率、成枝力均中等。叶片披针形，叶面平展，叶色绿至深绿，叶缘钝锯齿状。多复花芽，蔷薇形花，花粉多。

果实性状： 果实近圆形，平均单果重197.0克；果顶圆，底部稍大，梗洼深而中广，缝合线浅；果面黄白色，阳面有鲜红，果皮较薄，易剥离；肉质乳白生绿，核周少量红色，肉质致密，汁多，味甜，可溶性固形物含量13.2%；粘核。7月下旬成熟。

综合评价： 丰产性好，花芽抗寒性强，完全成熟时风味香甜，是典型的水蜜桃品种，适宜城市近郊区发展。

栽培技术要点：

（1）加强肥水管理，切勿大肥大水，否则引起落果现象。

（2）加强病虫害预测预报，做到早发现早防治，并注意合理用药。

（3）注意调整枝组角度，合理配置结果枝组。

（4）自花授粉，坐果率高，须严格疏花疏果，亩产控制在2 500千克。

花枝形态

单花形态

果实外观形态（平视）

多果组合

果实外观形态（俯视）

果实横切面

果　核

果实纵切面

北京2号

品种来源：北京市农林科学院林业果树研究所育成。

品种分布：夏各庄镇。

植物学性状：树势强健。萌芽率高，成枝力强。一年生枝阴面绿色，阳面红色。叶片卵圆针形，叶基楔形，叶尖渐尖，叶缘钝锯齿状，肾形蜜腺3~5个，叶柄长0.9厘米，叶宽3.2厘米，叶长13.5厘米。花蔷薇形，花瓣粉红色，雌蕊高于雄蕊，花药淡黄色，无花粉。

果实性状：果实圆形，平均单果重220.0克，最大果重300.0克；果顶圆平，缝合线较浅，两侧不对称；果皮底色黄绿，全面着红色晕，茸毛短且少，十分美观；果肉白色，肉质脆密，硬溶质，汁液中多，味道酸甜爽口，可溶性固形物含量12.0%；粘核。7月上旬成熟。

综合评价：果个大，着色好，硬度高，风味香甜，耐贮运。

栽培技术要点：

（1）及时进行夏季修剪，控制后期副梢旺长，促进成花。

（2）运用多种措施控制旺长促进成花，栽植时需配置授粉树，花期进行人工辅助授粉，并喷施微肥提高坐果率。

（3）秋季增施有机肥，果实生长中后期增施磷、钾肥或多元素叶面肥，每亩产量控制在2 000千克左右，以保证果实品质。

（4）坚持预防为主、综合防治的原则，虫害主要有蚜虫、红蜘蛛、食心虫等，病害主要为穿孔病、褐腐病等。

花枝形态

单花形态

果实外观形态（平视）

多果组合

果实外观形态（俯视）

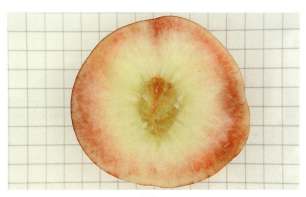

果实横切面

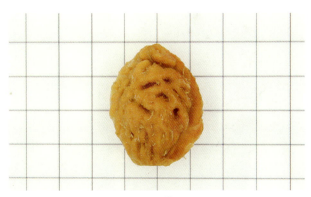

果　核

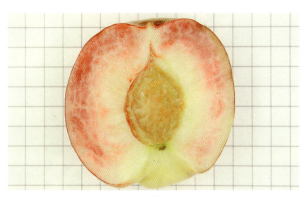

果实纵切面

峨嵋山久保

品种来源：平谷地方品种。

品种分布：南独乐河镇。

植物学性状：树势中庸，以中果枝、短果枝结果为主，树姿开张。萌芽率高，成枝力强。一年生枝条背面绿色，阳面红褐色。叶椭圆状披针形，叶面平展，叶尖锐尖微向外卷，叶基楔形，蜜腺肾形。花蔷薇形，雌蕊与雄蕊等高或略低，花粉多。

果实性状：果形整齐，果实近圆形；平均单果重246.5克。果顶平圆，微凹，缝合线浅，两侧较对称；果皮底色乳白，茸毛中等；果肉乳白色，近核处乳白色，肉质硬，风味甜酸，可溶性固形物含量13.6%；离核。7月中旬成熟。

综合评价：复花芽多，抗冻力强，无裂核现象，丰产性良好。

栽培技术要点：

（1）采取三主枝开心形树形，第一年定干60厘米，选择不同方向的3个主枝，第二年进行枝头甩放，选出结果枝组。

（2）花芽膨大期疏花芽一次。幼果期疏果1~2次，疏去小果、背上果和双果。

（3）秋施基肥，生长季适量追施氮、磷、钾化肥。

（4）萌芽前喷3~5波美度石硫合剂，生长季以预防为主，及时注意病虫害发生发展情况，适时施药，注意防控蚜虫、螨类、食心虫、桃褐腐病、桃软腐病、桃细菌性黑斑病等病虫危害。

（5）修剪幼树以中长枝结果为主，盛果期以中短枝结果为主。7~8月应加强果园管理，避免旱涝现象加剧生理落果。

花枝形态

单花形态

果实外观形态（平视）

多果组合

果实外观形态（俯视）

果实横切面

果　核

果实纵切面

谷红1号（早9号）

品种来源： 北京市平谷区人民政府果品办公室从燕红芽变种选育而成。

品种分布： 大华山镇、刘家店镇、峪口镇等。

植物学性状： 树势强，树姿半开张。萌芽率高，成枝力强。一年生枝紫褐色。成熟叶绿色，长椭圆形，长16.8厘米，宽4.2厘米，叶尖急尖，叶面平展，叶基尖形，叶缘钝锯齿状，叶姿斜向下。花蔷薇形，单瓣，花瓣浅粉，花药橘红，花粉多。

果实性状： 果实近圆形，果顶平，微凹，缝合线浅，两侧对称，果形整齐，平均单果重375.0克；果皮底色绿白色，紫红果面1/2至全面，茸毛中等，皮不能剥离；果肉白色，皮下红色素多，近核处红，硬溶质，汁液中，风味浓甜；可溶性固形物含量13.5%；粘核。7月中下旬成熟。

综合评价： 果实综合性状优良，是丰产性强、抗逆性强（尤其是抗冻力强）的中熟桃新品种。

栽培技术要点：

（1）整形修剪。采取三主枝开心形树形或二主枝Y形树形，第一年定干60厘米，选择不同方向的2～3个主枝，第二年进行枝头甩放，选出大型结果枝组。

（2）花果管理。幼果期疏果1～2次，疏去小果、背上果和双果。定果，主枝上部适当多留，亩留果量10 000～11 000个。

（3）肥水管理。前期追肥以氮肥为主，磷肥、钾肥配合使用，促进枝叶生长。后期追肥以钾肥为主，配合磷肥，尤其在采收前20～30天可叶面喷施0.3%磷酸二氢钾，以增大果个，增加着色，增加含糖量，提高品质。秋施基肥4吨/亩，适量加施氮、磷、钾化肥，可增加树体营养，提高翌年坐果率。

（4）病虫害防治。预防为主，综合防治。萌芽前喷3～5波美度的石硫合剂，生长季以预防为主，及时注意病虫害发生发展情况，适时施药，注意防控蚜虫、螨类、食心虫、桃褐腐病、桃软腐病、桃细菌性黑斑病等病虫危害。

花枝形态

单花形态

果实外观形态（平视）

多果组合

果实外观形态（俯视）

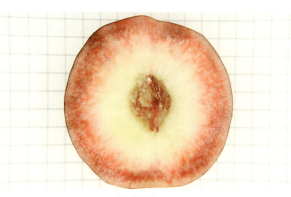

果实横切面

果　核

果实纵切面

红清水

品种来源：日本品种，山东省平度市农业局引种试栽。

品种分布：南独乐河镇、大兴庄镇。

植物学性状：树势中庸偏强，树姿较开张。萌芽率较高，成枝力中等。叶片中大，叶片披针形，叶面平展，叶色绿色至深绿，叶缘钝锯齿状。花蔷薇形，粉红色，花瓣卵圆形，花粉多，雌雄蕊等高。

果实性状：果实近圆形，果个整齐，果形大，平均单果重200.0克；果顶平缓，果尖略突出，缝合线明显，果面全红；果肉白色，质软，汁多，风味香甜；可溶性固形物含量14.9%；粘核。7月底成熟。

综合评价：该品种早实、丰产，抗病性强，果实整齐、艳丽，完熟后汁多、香甜，是适宜观光采摘的品种。

栽培技术要点：

（1）注意合理负载，定量疏花疏果，尤其是短果枝上的果实要排开，避免挤果。

（2）加强土肥水管理，以有机肥为主、果实膨大期以钾肥为主。

（3）加强病虫害防治，坚持预防为主、综合防治的原则。

（4）幼树时注意培养结果枝组，防止上强下弱。

花枝形态

单花形态

果实外观形态（平视）

多果组合

果实外观形态（俯视）

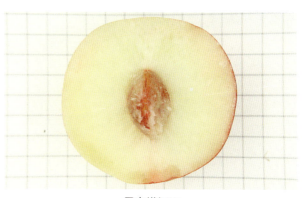

果实横切面

果　核

果实纵切面

领 凤

品种来源：不详。

品种分布：南独乐河镇。

植物学性状：树姿直立，树势强健。萌芽率高，成枝力强。一年生枝条深红色，皮孔大而密。叶片长披针形，叶尖尖锐而长，叶缘锯齿圆钝，叶片较平整。花蔷薇形，花瓣粉白，单瓣，圆形，花量中等，花粉中等。

果实性状：果实近圆形，果个小，平均单果重199.0克；果顶凸起，缝合线浅，两侧对称，果皮浅黄绿，果面着不均匀深红霞；果肉绿白，浓香甜，软溶质，汁液多；可溶性固形物含量15.9%；粘核。7月底成熟。

综合评价：较丰产，风味独特，有浓香，很受市场欢迎，但完熟时抗病性一般，不耐运输。

栽培技术要点：

（1）注意疏花疏果，负载合理。

（2）冬季修剪时，注意开张主枝与侧枝角度。

（3）夏季修剪时，以新梢摘心为主、疏除过密过旺新梢，注意小型结果枝培养，注意树体通风透光。

（4）生长季和果实成熟前，注意背上枝、内膛副梢、背上旺梢的连续疏除。

花枝形态

单花形态

果实外观形态（平视）

多果组合

果实外观形态（俯视）

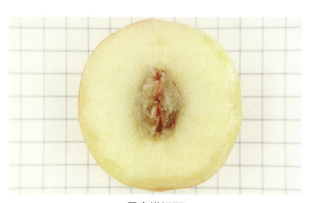

果实横切面

果　核

果实纵切面

美　脆

品种来源： 山东省枣庄市核果类果树研究所选育而成。

品种分布： 南独乐河镇。

植物学性状： 树姿较直立，树势强。萌芽率高，成枝力强。一年生枝条红色，皮孔密。叶片长披针形，叶顶尖，中脉明显，叶片较平整，叶缘钝锯齿状。花蔷薇形，单瓣，花瓣圆形，粉白色，花瓣基部着鲜红色，花量大。

果实性状： 果实近圆形，平均单果重209.0克；缝合线明显，两侧果肉不对称，柄洼深；果皮着鲜红色霞红；果肉白色，硬溶质，风味甜，肉质细，可溶性固形物含量14.3%；粘核。果实7月中旬成熟。

综合评价： 极丰产，抗晚霜，自花坐果率高，果实硬度大，耐贮运。

栽培技术要点：

（1）采用高畦栽培，树形以自然开心形或二主枝Y形为主。

（2）夏季主要抹去背上、背下芽，侧枝间距为10～15厘米，多余的枝、芽全除去。

（3）冬季修剪主要是保证主枝及枝组的生长势，其余的竞争枝疏除。

（4）重视土肥水管理，深翻改土宜在秋末结合施基肥时进行，果实膨大期以钾肥为主。

花枝形态

单花形态

果实外观形态（平视）

多果组合

果实外观形态（俯视）

果实横切面

果　核

果实纵切面

清水白桃

品种来源：上海市农科院从日本引种。

品种分布：大兴庄镇。

植物学性状：树姿半开张，树势中庸。萌芽率高，成枝力中等。一年生枝绿色，向阳面微红，皮孔稀疏。叶短披针形，叶顶尖，中脉明显，叶片不平整，叶缘钝锯齿状。花蔷薇形，单瓣花有重叠，花瓣不规则圆形，粉白色，花量大，有花粉。

果实性状：果实近圆形，平均单果重276.0克；果顶微尖，缝合线不明显；果皮着鲜红色红晕；果肉黄白色，肉质松软，汁液多，风味甜，有香气，可溶性固形物含量13.6%；粘核。7月下旬成熟。

综合评价：该品种香气浓、汁液多，无特殊病虫害，但采收期遇雨易出现落果现象。

栽培技术要点：

（1）注意果园排水沥水，应使用高培垄栽培。

（2）注意合理负载，亩产量控制在2 500千克左右。果实解袋后，地面铺反光膜，增加着色。

（3）多雨季节注意病虫害防治，加强采收后地面和树上管理。

（4）冬剪时，注意树体结果枝组的培养。

花枝形态

单花形态

果实外观形态（平视）

多果组合

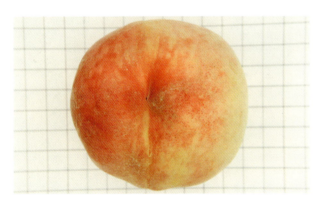

果实外观形态（俯视）

果实横切面

果　核

果实纵切面

庆 丰

品种来源：北京市农林科学院林业果树研究所用大久保×阿姆斯丁杂交育成。

品种分布：金海湖镇、大兴庄镇、山东庄镇、南独乐河镇。

植物学性状：树体生长健壮，树姿较直立。萌芽率高，成枝力强。一年生枝阳面红褐色，背面绿色。叶短披针形，叶顶尖，中脉明显，叶缘钝锯齿状。花芽起始节位1～2节，花蔷薇形，花粉多。

果实性状：果实长圆形，平均单果重186.0克，完熟后易离皮。果肉乳白，肉质较致密，柔软多汁，味甜，近核处微酸；可溶性固形物含量10.5%；粘核。果实6月下旬至7月上旬成熟。

综合评价：早熟，高产，抗性强，但果个较小。

栽培技术要点：

（1）采用自然开心形，主枝开张角度为45°～60°。

（2）夏季主要抹去背上、背下芽，同侧大侧枝间距为100厘米。生理落果后进行疏果，留单果，果实间距以10厘米为宜。

（3）冬季修剪主要是调整树体结构、枝组的分布、配置。

（4）重视土肥水管理，深翻改土宜在秋末结合施基肥时进行，壮果肥在生理落果后施用，以氮、钾肥为主。

花枝形态

单花形态

果实外观形态（平视）

多果组合

果实外观形态（俯视）

果实横切面

果　核

果实纵切面

沙 红

品种来源：杨凌国家级农业高新技术产业示范区仓方早生芽变。

品种分布：刘家店镇、峪口镇。

植物学性状：树势生长健壮，树姿较直立。萌芽率高，成枝力强。叶长椭圆披针形，叶缘钝锯齿状，叶面两边高起，叶色浓绿，叶脉中密。花蔷薇形，单瓣，粉红色，无花粉。

果实性状：果实圆形，果个较大，平均单果重288.0克；果顶平凹，缝合线明显，两侧较对称，梗洼窄深；成熟果实果面90%以上呈玫瑰红色，茸毛密短，果皮厚；果肉乳白色，近果皮处红色，脆硬，肉质细，纤维少，硬溶质，味甜，香气浓；可溶性固形物含量13.4%；粘核。7月上中旬成熟。

综合评价：耐贮运，着色好，适应性和抗病性较强，建园时需配置授粉树。

栽培技术要点：

（1）注意深挖定植沟，施足有机肥。

（2）合理灌水，果实成熟前忌大水漫灌。

（3）幼树整形时，主枝开张角度60°为宜，注意培养枝组。

（4）注意花期人工授粉，严格疏果，控制产量。

（5）加强夏剪，保持通风透光，促进果实着色。

花枝形态

单花形态

果实外观形态（平视）

多果组合

果实外观形态（俯视）

果实横切面

果　核

果实纵切面

神 州 红

品种来源：平谷地方品种。

品种分布：峪口镇、大华山镇。

植物学性状：树势中庸，树姿开张。萌芽率高，成枝力强。一年生枝绿色，阳面暗红。叶为披针形，基部圆楔形，叶尖渐尖，叶面平展，叶缘锯齿圆钝，蜜腺2～4个，肾形。花蔷薇形，粉红色，雌雄蕊等高，无花粉。

果实性状：果实圆形，平均单果重196.0克；果顶圆平，缝合线较浅，两侧对称；果实表面茸毛较短，果皮底色白色，着红色；果肉白色，硬溶质，果汁中等，风味甜，无裂果现象，可溶性固形物含量12.7%；粘核。7月中下旬成熟。

综合评价：该品种采前落果轻，但需授粉，抗性一般，适应性良好。

栽培技术要点：

（1）土壤以沙壤土为宜，忌低洼地及盐碱地。适宜株行距（3～4）米×5米。

（2）配置授粉树，最好人工授粉。树形采用三主枝开心形或Y形，主枝开张角度不宜过大。

（3）修剪以长枝修剪为主，合理配置结果枝组，果枝间距20厘米左右。

（4）预防褐腐病、穿孔病、根癌病，以及桃蚜、红蜘蛛、潜叶蛾、介壳虫等虫害。

（5）花期和幼果期注意疏花疏果。果实生长发育过程中保持充足肥水，肥料以有机肥为主，辅以适当氮肥和钾肥。

花枝形态

单花形态

果实外观形态（平视）

多果组合

果实外观形态（俯视）

果实横切面

果　核

果实纵切面

谷玉（早14号）

品种来源： 北京市平谷区人民政府果品办公室于1999年用京玉芽变选育出的中熟鲜食品种。

品种分布： 峪口镇、大华山镇、刘家店镇、王辛庄镇、山东庄镇。

植物学性状： 树姿半开张，树势中庸。萌芽率高，成枝力强。一年生枝绿色，阳面红褐色。叶长椭圆披针形。花蔷薇形，花药橙红色，雌蕊与雄蕊等高，花粉多。

果实性状： 果实椭圆形，平均单果重189.0克；果顶圆、微凸，缝合线浅，两侧较对称；果皮底色绿白色，果面2/3至全面粉红，茸毛少，不易剥离；果肉白色，近核处有红丝，肉质松脆，纤维少，风味甜，可溶性固形物含量12.6%；离核。7月下旬成熟。

综合评价： 抗冻力强，生理落果少，丰产性良好，耐贮运，抗病性一般。

栽培技术要点：

（1）选择地势平缓、土层深厚、土质疏松、排灌良好的背风向阳地块。采用自然开心形，株行距采用4米×6米定植；Y形树形株行距可选用3米×6米为宜。

（2）一年中前期追肥以氮肥为主，磷肥、钾肥配合使用，促进枝叶生长，后期追肥以钾肥为主，配合磷肥。秋季施发酵腐熟有机肥4吨/亩。

（3）及时夏剪，以改善光照，促进果实着色。

（4）注意防治梨小食心虫、蚜虫、桃疮痂病等病虫害。在果实近熟时，预防真菌引起的根霉软腐病等果实病害。

花枝形态

单花形态

果实外观形态（平视）

多果组合

果实外观形态（俯视）

果实横切面

果　核

果实纵切面

早凤王

品种来源： 早凤桃的芽变。

品种分布： 大华山镇、刘家店镇、平谷镇、金海湖镇、王辛庄镇。

植物学性状： 树势强健，树姿半开张。一年生枝向阳面着暗红色，背阴面绿色，皮孔中密。叶片短披针形，叶尖钝，叶缘钝锯齿状，中脉明显，叶面较平整。花芽着生节位低，肥大饱满。单瓣花，花瓣椭圆形，粉白色，花粉少。

果实性状： 果实近圆形稍扁，平均单果重250.0克，最大果重420.0克；果顶平微凹，缝合线浅；果皮底色白，果面披粉红色条状红晕；果肉白色皮下红色素多，近核处白色，不溶质，风味甜而硬脆，汁较多，可溶性固形物含量11.2%；半离核。7月上旬成熟。

综合评价： 抗逆性强，适应性强。果实耐贮运，采前无裂果、落果现象。

栽培技术要点：

（1）注意秋施基肥，适当控水。

（2）加强修剪，注意夏剪时，疏除直立副梢；冬剪时，注意结果枝组的培养。

（3）注意合理负载量，注意授粉，以人工点授为好。

（4）加强病虫害防治。

（5）注意适时采收。

花枝形态

单花形态

果实外观形态（平视）

多果组合

果实外观形态（俯视）

果实横切面

果　核

果实纵切面

香山水蜜

品种来源：不详。

品种分布：大华山镇、刘家店镇、平谷镇、金海湖镇、王辛庄镇。

植物学性状：树势中庸，树姿半开张。萌芽率高，成枝力中等。一年生枝向阳面褐色，背阴面绿色。叶片长披针形，叶顶尖，中脉明显，叶片较平整，叶缘钝锯齿状。花芽着生节位低，复花芽多；单瓣花，部分有重叠，粉白色，花粉多。

果实性状：果实近圆形，平均单果重256.0克；果顶圆微凹，缝合线浅，两侧较对称，茸毛少，果皮淡绿黄色，阳面有鲜红色条纹及斑点，易剥离；果肉白色，皮下有红色，近核处有红丝，肉质柔软，汁液多；可溶性固形物含量11.9%；半离核。7月上中旬成熟。

综合评价：肉质柔软，汁液多，风味酸甜适口，丰产性良好，适宜城市近郊发展，不适宜远途运输。

栽培技术要点：

（1）加强土肥水管理。禁止大水漫灌，采前控水。

（2）注意秋施发酵腐熟有机肥，生长季前期以氮肥为主，中后期以磷、钾肥为主。

（3）合理负载量，注意留果量，亩产量控制在2 500千克左右。

（4）加强修剪管理，重视夏剪，冬剪以整形为主。

（5）加强病虫害综合防治。

花枝形态

单花形态

果实外观形态（平视）

多果组合

果实外观形态（俯视）

果实横切面

果　核

果实纵切面

早 美 脆

品种来源：不详。

品种分布：峪口镇。

植物学性状：树姿半开张，生长势中等。萌芽率高，成枝力中等。一年生枝条绿色，皮孔大而疏。叶片长披针形，叶尖锐长，叶缘钝锯齿状，叶片较平整。花蔷薇形，花瓣粉白色至粉红色，单瓣花，花量大，花粉中多。

果实性状：果实近圆形，平均单果重128.0克，果顶平，缝合线浅，两侧较对称；果皮深黄色有深红色晕；果肉黄白色伴有深红色斑红，硬溶质，味甜，可溶性固形物含量11.4%；粘核。7月中旬成熟。

综合评价：丰产，外观艳丽，抗性强，品质优良。

栽培技术要点：

（1）生产上树形以自然开心形和二主枝Y形为主。

（2）冬剪时，以整形为主，注意结果枝组选留和培养。

（3）夏剪时，注意副梢的控制，疏除直立旺梢和过密的新梢。

（4）生长季注意病虫害防治，可随喷药施入叶面肥。

花枝形态

单花形态

果实外观形态（平视）

多果组合

果实外观形态（俯视）

果实横切面

果　核

果实纵切面

早　艳

品种来源： 北京农业大学选育。

品种分布： 大华山镇、刘家店镇、平谷镇、金海湖镇、王辛庄镇。

植物学性状： 植株生长强健，树姿半开张。萌芽率高，成枝力强。一年生枝阳面红褐色，中长果枝结的果实大、品质好。叶片长披针形，叶片中厚，淡绿色。花蔷薇形，花粉一般。

果实性状： 果实较大，近圆形，平均单果重225.0克；果顶圆，有时有凹陷，缝合线浅；果皮底色浅黄绿色，70%～80%的果面覆有鲜红色，深处为暗红色，色泽艳丽；果肉浅绿色，有时稍有红色，近核处无色，果肉致密，完熟后柔软多汁，味甜，有香味；可溶性固形物含量12.1%；粘核。7月上旬成熟。

综合评价： 品质好，丰产性一般，树体抗逆性的能力较强。

栽培技术要点：

（1）整形修剪时应轻剪并注意开张角度，利用副梢结果。

（2）坐果率较高，生产上应注意疏花疏果。

（3）果实成熟期不太整齐，宜分期采收。

（4）秋后施用有机肥，硬核期追施速效肥，果实成熟前20～30天应增加速效钾肥的施用，以增大果个，促进果实着色，提升品质。

花枝形态

单花形态

果实外观形态（平视）

多果组合

果实外观形态（俯视）

果实横切面

果　核

果实纵切面

早 玉

品种来源：北京市农林科学院林业果树研究所用京玉×瑞光3号杂交而成。

品种分布：大华山镇、刘家店镇、平谷镇、金海湖镇、王辛庄镇、山东庄镇。

植物学性状：树势中庸，树姿半开张。萌芽率高，成枝力强。一年生枝阳面红褐色，背面绿色。叶片长椭圆披针形，叶面平展、微向内凹，叶尖微向外卷，叶基楔形近直角，叶缘钝锯齿状。花蔷薇形，粉红色，有花粉，萼筒内壁绿黄色，雌蕊与雄蕊等高或略低。

果实性状：果实近圆形，平均单果重270.0克；果顶突尖，缝合线浅，茸毛薄，梗洼中深、中宽，果皮底色为黄白色，一半以上果面着红色晕，果皮中厚，不离皮；果肉白色，皮下有红丝，近核处少量红色，果肉硬，汁液少，纤维少，可溶性固形物含量12.4%；离核。7月中旬成熟。

综合评价：结果稳定、丰产，味甜，耐运输，特殊年份有生理落果现象。

栽培技术要点：

（1）栽培中应加强肥水管理，采收前20天禁止大肥大水。

（2）合理留果，长果枝留3个果，中果枝留2个果，短果枝留1个果，花束状果枝不留果。

（3）适时采收，以防过熟落果和果肉粉质化。

（4）秋后施用有机肥，硬核期追施速效肥，果实成熟前20～30天应增加速效钾肥的施用，以增大果个，促进果实着色，提升品质。

花枝形态

单花形态

果实外观形态（平视）

多果组合

果实外观形态（俯视）

果实横切面

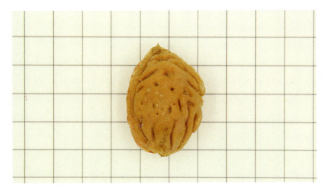

果　核

果实纵切面

知 春

品种来源：北京市农林科学院农业综合发展研究所用87-7-1×早红2号杂交育成。

品种分布：大华山镇、王辛庄镇。

植物学性状：树姿半开张，树势中庸。萌芽率高，成枝力强。一年生枝紫红色。叶片长椭圆披针形，深绿色，先端渐尖，基部楔形，叶面平滑，叶缘钝锯齿状，主脉绿白色，蜜腺肾形。蔷薇形花，花瓣粉色，重瓣，每个花朵有13～15枚花瓣，有花粉。

果实性状：果实近圆形、稍扁，果个大，平均单果重255.2克，果顶圆平，微凹，两侧果肉较对称，梗洼深；果皮茸毛中多，果实底色乳白色，果面着鲜红色至玫瑰红色条状、块状、斑状纹，色泽艳丽；果肉乳白色，可溶性固形物含量11.5%；硬溶质，较硬，有香气，风味甜；半粘核，无裂核。7月中旬成熟。

综合评价：抗寒性强，观赏鲜食兼用新品种，完熟时不耐运输。

栽培技术要点：

（1）应选择排水良好、土层深厚、阳光充足的地块种植为宜。

（2）花果管理。知春花量大，花粉多，自然坐果率高。为提高桃果品质，观花后要尽早做好疏果工作。

（3）肥水管理。基肥以有机肥为主，配合磷、钾肥。追肥需氮、磷、钾配合，最好于落花后即追施果树专用肥，以提高果品质量。

（4）整形修剪。树形采用开心形或主干形。初结果树以中、长果枝结果为主，修剪时多留中、长果枝，通过夏季及时疏除背上旺长副梢，保持树冠内通风透光。

（5）病虫害防治。萌芽前喷布3～5波美度石硫合剂，生长期注意防治蚜虫、卷叶虫、红蜘蛛及早期落叶病等病虫危害。

花枝形态

单花形态

果实外观形态（平视）

多果组合

果实外观形态（俯视）

果实横切面

果　核

果实纵切面

大 东 桃

品种来源：平谷地方品种。

品种分布：王辛庄镇、峪口镇、大兴庄镇、大华山镇。

植物学性状：树姿半开张，树势中庸。萌芽率中等，成枝力低。一年生枝条阳面浅红色，皮孔中密而小。叶片长椭圆披针形，叶尖微尖，中脉明显且弯曲，叶缘钝锯齿状，较平整。花蔷薇形，花瓣粉白色，花瓣顶端微尖，有花粉。

果实性状：果实近圆形，果个大，平均单果重309.0克，果顶凹陷，柄洼深，缝合线浅，两侧对称；果皮浅绿白，果面着不明显条红，着色面积大于85%；果肉绿白色伴有深红色斑块，可溶性固形物含量14.4%；风味甜，硬溶质；粘核。8月下旬成熟。

综合评价：丰产性好，抗性好，外观艳丽。

栽培技术要点：

（1）加强肥水管理，秋后施用有机肥，果实成熟前20～30天应增加速效钾肥的施用，以增大果个，提高品质。采收前控水。

（2）加强果实管理。坐果率较高，应合理留果，有利果个增大和品质提高，提高商品果率，亩产量控制在2 500千克左右。

（3）加强夏季修剪。控制徒长枝，改善通风透光条件，促进果实着色。

（4）重视蚜虫、红蜘蛛、卷叶虫、梨小食心虫和褐腐病等主要病虫害防控。

花枝形态

单花形态

果实外观形态（平视）

多果组合

果实外观形态（俯视）

果实横切面

果　核

果实纵切面

二十一世纪

品种来源： 河北省昌黎技术师范学院园艺系桃育种组用丹桂和雪桃杂交一代的优良单株自交而成。

品种分布： 熊儿寨乡。

植物学性状： 树势强健，树姿直立。萌芽率高，成枝力强。一年生枝绿色，各类果枝均能结果。叶片披针形，叶面平展，叶色绿至深绿，叶缘钝锯齿状。花蔷薇形，粉红色，花瓣卵圆形，花粉多，雌雄蕊等高。

果实性状： 果实圆形，整齐度高，平均单果重349.0克，最大单果重750.0克；果顶尖突，缝合线浅，梗洼浅窄，果面茸毛少，成熟时着70%玫瑰红色；果肉白中带红，有20%红晕，可溶性固形物含量14.7%；硬溶质，质细，味浓甜，无酸味，微香；半离核，核小。8月下旬成熟。

综合评价： 该品种外观美、个头大、香甜可口、品质优，但抗极端低温能力差。

栽培技术要点：

（1）整形修剪，采用自然开心形和二主枝Y形。夏剪以控制背上旺梢为主，冬剪以整形为主，注意结果枝组培养。

（2）自花授粉，坐果率高，须严格疏花疏果。

（3）加强肥水管理，以有机肥为主，采收前以钾肥为主。

（4）选择阳坡种植为宜，为提高抗冻性，可在落叶前喷碧护等生长调节剂。

花枝形态

单花形态

果实外观形态（平视）

多果组合

果实外观形态（俯视）

果实横切面

果　核

果实纵切面

高 丰

品种来源：平谷地方品种。

品种分布：峪口镇。

植物学性状：树姿开张，树势中庸。萌芽率中等，成枝力中等。一年生枝条阳面褐色，皮孔中密而小。叶片长椭圆披针形，叶尖尖锐，叶缘钝锯齿状，叶尖及叶柄处微卷，中脉明显。蔷薇形花，花瓣浅粉红色，花量大，花粉中等。

果实性状：果实长圆形，平均单果重281.0克，果顶微凸，缝合线中深，两侧较对称；果皮浅黄色，果面着红霞、片红；果肉黄色，近核处有不明显放射状纹理，可溶性固形物含量12.7%；味甜，硬溶质，无酸味；半离核。8月上旬成熟。

综合评价：较丰产，风味甜，色泽艳丽，抗性较强。

栽培技术要点：

（1）注意疏花疏果，合理确定负载量，亩产量控制在2 500千克左右。

（2）加强土肥水管理，以有机肥为主，采收前增施钾肥，控水。

（3）夏剪以控制背上旺梢为主，冬剪以整形为主，注意结果枝组培养。

（4）加强病虫害管理，控制病虫害发生。

花枝形态

单花形态

果实外观形态（平视）

多果组合

果实外观形态（俯视）

果实横切面

果　核

果实纵切面

红 不 软

品种来源：山西省平陆县。

品种分布：夏各庄镇、王辛庄镇、山东庄镇。

植物学性状：树姿半开张。萌芽率高，成枝力低。叶片宽披针形，叶面平展，部分叶缘稍皱，叶基楔形，先端渐尖，叶缘锯齿圆钝，蜜腺肾形，多为2个。花蔷薇形，粉红色，花瓣卵圆形，花粉多。

果实性状：果实近圆形，平均单果重267.0克，最大单果重689.0克；果顶圆，缝合线浅，两侧对称；果皮厚，充分成熟时亦不能剥离，茸毛短且稀少；果肉呈乳白色，果皮下果肉有红色斑，近核处有红色放射状条纹，肉质细而致密，不溶质；可溶性固形物含量12.4%；粘核。8月中旬成熟。

综合评价：红不软桃为桃中优质品种，此品种适应性强且丰产性好，耐贮运，抗病性强，抗低温能力一般。

栽培技术要点：

（1）采摘前严禁大肥大水，否则容易部分落果或裂果。

（2）冬季最低温度在-15℃以下的地区会发生冻害，尤其在低洼地-10℃即可发生冻害，建议栽植在阳坡。

（3）严格疏花疏果，亩产量控制在2 500千克为宜。

（4）及时防治病虫害。

花枝形态

单花形态

果实外观形态（平视）

多果组合

果实外观形态（俯视）

果实横切面

果　核

果实纵切面

华 玉

品种来源：北京市农林科学院林业果树研究所用京玉×瑞光7号杂交育成。

品种分布：大华山镇、峪口镇。

植物学性状：树姿半开张，树势健壮。萌芽率高，成枝力强。一年生枝阳面红褐色，阴面绿色。叶片为长椭圆披针形，绿色，叶面平展微向内凹，叶尖微向外卷，叶基楔形近直角，叶缘钝锯齿状，蜜腺肾形，2~4个。花蔷薇形，花瓣粉红色，花药黄白色，无花粉。

果实性状：果实近圆形，果个大，平均单果重268.0克，果顶圆，缝合线浅，梗洼深度和宽度中等；果皮底色为黄白色，果面一半以上着玫瑰红色或紫红色晕，外观鲜艳，茸毛中等，果皮中等厚，不易剥离；果肉白色，皮下无红，近核处有少量红丝，果肉硬、细而致密，汁液中等，可溶性固形物含量13.5%；纤维少，风味浓甜，有淡香味，不褐变，耐贮运；离核。8月下旬成熟。

综合评价：华玉为优良的中晚熟、硬肉桃品种，具有果实大、色泽好、风味甜、肉质特硬、耐贮运、适应性强等优点，建园时应配置授粉树。

栽培技术要点：

（1）树形选用三主枝自然开心形，株行距可采用（3~5）米×（4~6）米，如果树形选用Y形，行株距可选用3米×6米。

（2）该品种无花粉，必须配置授粉树或人工授粉。

（3）合理夏剪，改善通风透光条件，促进枝条充实和花芽形成，提高坐果率。

（4）冬剪时要轻修剪，多留结果枝，提早进入盛果期。

花枝形态

单花形态

果实外观形态（平视）

多果组合

果实外观形态（俯视）

果实横切面

果　核

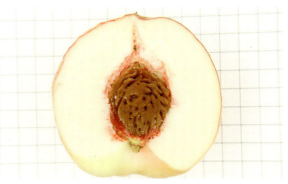

果实纵切面

京 玉

品种来源：北京市农林科学院林业果树研究所1961年用大久保×兴津油桃杂交育成。

品种分布：全区各乡镇。

植物学性状：树势较强，树姿半开张。萌芽率高，成枝力强。一年生枝阳面紫红色，背面绿色至浅褐色。叶片宽披针形，部分叶片近长椭圆披针形，叶面较平展，叶缘略呈波状，钝锯齿状，蜜腺肾形，多2～4个，主脉浅黄色。花蔷薇形，粉色，雌蕊低于雄蕊，花药黄色，有花粉。

果实性状：果实椭圆形，平均单果重271.0克，最大单果重548.0克，果顶圆微凸，缝合线浅，两侧较对称，果形整齐；果皮底色浅黄绿色，阳面少量深红色条纹或晕，茸毛少，不易剥离；果肉白色，缝合线处有红色，近核处红色，肉质松脆，味甜，汁液少，可溶性固形物含量11.7%；完熟后变为粉质，纤维少；离核。8月中旬成熟。

综合评价：丰产性强，抗寒力强，耐运输，但易感染细菌性黑斑病。

栽培技术要点：

（1）整形修剪。采用三主枝开心形或二主枝Y形，幼树整形时适当开张角度。夏剪以控制背上旺梢为主，冬剪注意结果枝组培养。

（2）加强土肥水管理，采前控水。

（3）注意合理负载量，疏花疏果，亩产量控制在2 500千克左右。

（4）生长季应重点防治细菌性黑斑病的危害。

花枝形态

单花形态

果实外观形态（平视）

多果组合

果实外观形态（俯视）

果实横切面

果　核

果实纵切面

久 保

品种来源：日本品种。

品种分布：全区各乡镇。

植物学性状：树姿开张，树势中庸。萌芽率高，成枝力强。一年生枝阳面紫红色，背面绿色至浅褐色。叶片宽披针形，部分叶片近长椭圆披针形，叶面较平展，叶缘略呈波状，钝锯齿状，蜜腺肾形，多2～4个。花蔷薇形，粉色，雌蕊低于雄蕊，花药黄色，有花粉。

果实性状：果实近圆形，平均单果重268.0克，最大单果重650.0克，果顶圆微凸，缝合线浅，较明显，两侧较对称，茸毛中等；果皮浅黄绿色，阳面至全果着红色条纹，易剥离；果肉乳白色，阳面有红色，近核处红色，肉质致密柔软，汁液多，可溶性固形物含量为12.0%；纤维少，风味甜，有香气；离核。7月底至8月初成熟。

综合评价：丰产性良好，果皮鲜红色，酸甜适口，抗性强。

栽培技术要点：

（1）要求肥力条件较高，适宜栽培在肥沃的沙土中。

（2）适合中密度栽培。

（3）注意结果枝组培养与更新，注意适时采收。

（4）注意病虫害综合防治，重点防细菌性穿孔病。

花枝形态

单花形态

果实外观形态（平视）

多果组合

果实外观形态（俯视）

果实横切面

果　核

果实纵切面

离 核 脆

品种来源： 北京市平谷区人民政府果品办公室选育的久保芽变品种。

品种分布： 大华山镇、峪口镇、刘家店镇。

植物学性状： 树势强健，树姿开张。萌芽率高，成枝力中等。一年生枝阳面红褐色，背面绿色至浅褐色。叶片宽披针形，叶面平展，叶缘略呈波状，钝锯齿状，蜜腺肾形，多2～4个，主脉浅绿色。花芽形成好，复花芽多，各类果枝均可结果。花蔷薇形，粉红色，有花粉。

果实性状： 果实长圆或近圆形，果形端正，果个均匀，平均单果重281.0克；果顶微凸，缝合线浅，两侧对称；果皮底色为黄白色，果面近全面着红色，茸毛中等，果皮与果肉难剥离；果肉近核处有红丝，肉质硬脆多汁，可溶性固形物质含量12.1%；纤维少，风味甜；离核。8月中旬成熟。

综合评价： 该品种为优良的中晚熟、硬肉桃品种，具有果实大、色泽好、风味甜、肉质特硬、耐贮运、适应性强等优点。

栽培技术要点：

（1）树形和栽植密度。自然开心形可采用株行距4米×（5～6）米进行定植，Y形可采用株行距3米×（5～6）米定植。

（2）加强肥水管理。控制浇水次数，多施有机肥，少施化肥，生长期叶外喷肥，防止裂果现象。

（3）合理修剪。注意夏剪，尤其是采收前20天，及时控制背上的直立旺条，改善通风透光条件，促进花芽分化，提高果实品质。

（4）加强花果管理。合理留果，长果枝留3个果，中果枝留2个果，短果枝留1个果，花束状果枝不留果。盛果期产量控制在2 500千克/亩左右为宜。

（5）重视病虫害防治。主要控制褐腐病、蚜虫、螨类等危害。

（6）适时采收。

花枝形态

单花形态

果实外观形态（平视）

多果组合

果实外观形态（俯视）

果实横切面

果　核

果实纵切面

陆 王 仙

品种来源：日本品种。

品种分布：金海湖镇、平谷镇。

植物学性状：树姿开张，树势强健。萌芽率高，成枝力强。一年生枝阳面褐色，背面绿色。叶片宽披针形，叶面平展，叶缘略呈波状，钝锯齿状，蜜腺肾形，多2～4个，主脉浅绿色。花蔷薇形，无花粉。

果实形状：果实较大，近圆形，平均单果重295.0克；果实顶平并微凹，缝合线明显，两侧不对称；果面底色为白色，着色后为粉红色；果肉为白色且有红线，肉质细，可溶性固形物含量13.3％；纤维少，多汁，味甜；粘核。8月中下旬成熟。

综合评价：中熟桃品种，无花粉，丰产性一般，果个大，耐贮运，抗性一般。

栽培技术要点：

（1）需用配置授粉树。授粉树以久保和京玉为宜，授粉树比例占1/4左右。

（2）合理整形修剪。当新梢长至60厘米时，可进行摘心，待副梢发出时可进行拉枝开角。幼树宜轻剪长放，增加分枝级次。

（3）及时防治病虫。注意防治潜叶蛾、红蜘蛛、蚜虫、细菌性穿孔病以及梨小食心虫。

花枝形态

单花形态

果实外观形态（平视）

多果组合

果实外观形态（俯视）

果实横切面

果　核

果实纵切面

美 晴

品种来源：美晴白桃是在白凤、水野油桃及秀峰混栽园中发现的偶然实生。

品种分布：南独乐河镇。

植物学性状：树势中庸，树姿半开张。萌芽率高，成枝力强。一年生枝条红褐色，节间较短。叶片中大，浓绿色，披针形，叶柄阳面呈浅紫红色。花蔷薇形，花瓣粉红色，多复花芽，花粉多。

果实性状：果实圆形，果个大，平均单果重275.0克；果顶凹，果个均匀、整齐美观，梗洼深，缝合线中深；果面全面着浓红色，亮丽，果皮底色乳白，着色浓，果皮难剥离；果肉白色，甜味多，酸味微，无涩味，可溶性固形物含量14.7%；粘核。8月中下旬成熟。

综合评价：中熟桃品种，生理落果少，裂果少，耐贮运，但抗极端低温能力差。

栽培技术要点：

（1）加强早期肥水供应，秋季增施有机肥。

（2）合理留果，适当疏花、疏果。

（3）加强夏季修剪，改善通风透光条件，促进果实着色。

（4）采收前严禁大水漫灌，否则甜度下降，风味变淡。

（5）由于坐果率高，留果过多时，果个变小，树势易衰。

花枝形态

单花形态

果实外观形态（平视）

多果组合

果实外观形态（俯视）

果实横切面

果　核

果实纵切面

秦 王

品种来源：西北农林科技大学果树研究所用大久保实生选种。

品种分布：峪口镇。

植物学性状：树势强健，树姿半开张。萌芽率高，成枝力强。一年生枝红褐色、粗壮，发枝多，树冠形成快，长、中、短果枝均可结果，但以长、中果枝结果为主。叶为宽披针形，较大，平展，浅绿色，叶缘钝锯齿状。花蔷薇形，花芽着生节位低，复花芽多，花瓣较大，粉红色，有花粉，雌雄蕊等高。

果实性状：果实圆形，果个特大，平均单果重368.0克；果顶平，缝合线深，两侧较对称；果实底色白，阳面玫瑰色并有不明晰条纹，外观鲜艳；果肉洁白，近核处微红，过熟果红色素深入果肉，肉硬质细，纤维少，汁液略少，风味浓甜，有香气，可溶性固形物含量13.5%；粘核。8月底成熟。

综合评价：抗逆性和适应性好，丰产性高，自花结实率高。

栽培技术要点：

（1）加强早期肥水供应，秋季施有机肥，采收前应增施钾肥。

（2）合理留果，土壤贫瘠或肥水不足地区可适当少留果。

（3）加强夏季修剪，改善通风透光条件，促进果实着色。

（4）采收后控制灌水，减少旺长，控制树冠。成熟期雨水多时，甜度下降，风味变淡。

花枝形态

单花形态

果实外观形态（平视）

多果组合

果实外观形态（俯视）

果实横切面

果　核

果实纵切面

夏 之 梦

品种来源： 由日本长野县育成。

品种分布： 南独乐河镇。

植物学性状： 树姿开张，树势中庸。萌芽率高，成枝力强。一年生枝阳面红褐色，背面绿色。各类果枝均能结果，幼树以长、中果枝结果为主。叶长椭圆披针形，蜜腺肾形，1～3个。花蔷薇形，粉红色，花药橙红色，有花粉，复花芽多，花芽起始节位低，为1～2节。

果实性状： 果实圆形，果个大，平均单果重264.0克；果顶微凸，缝合线深，两侧对称；果皮底色黄白色，成熟后全面着嫩红色，茸毛中等，果皮中等厚；果肉白色，皮下少量红丝，肉质硬、细嫩爽口，口感甘甜，风味佳，可溶性固形物含量15.7%；粘核。8月中下旬成熟。

综合评价： 着色艳丽，含糖量高、品质佳、耐贮运，丰产性强，抗旱抗逆性强，高抗桃疮痂病，完熟后不耐贮运。

栽培技术要点：

（1）合理疏花疏果。

（2）幼树可适当偏施氮肥，挂果后重施基肥，同时注意花前肥和果实膨大肥的施用。

（3）定植当年除树形培养外，主要任务是扩冠，夏季通过摘心和拉枝等措施进行管理，冬季主要对主侧枝延长头进行短截，扩展树冠。同时，疏除过弱枝、重叠枝、病虫枝和枯死枝。翌年加强夏剪，改善通风透光条件，促进成花结果。

（4）及时防治病虫害。

花枝形态

单花形态

果实外观形态（平视）

多果组合

果实外观形态（俯视）

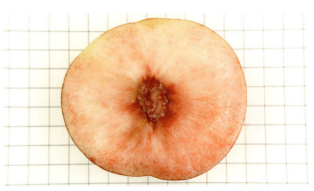

果实横切面

果　核

果实纵切面

新 川 中 岛

品种来源： 山东省果树研究所从川中岛白桃实生苗中选育成的新品种。

品种分布： 王辛庄镇、黄松峪乡。

植物学性状： 树势健壮，树姿半开张。幼树生长旺盛，萌芽率高，成枝力强。一年生枝红褐色，多年生枝灰褐色，枝条易成花，以中、长果枝结果为主。叶色深绿而光滑，叶柄上的蜜腺小，呈肾形。花蔷薇形，粉红色，无花粉。

果实性状： 果实圆形，果个大，平均单果重251.0克，果顶平，缝合线浅而不明显；果实全面着色后，鲜红艳丽，果面光洁，茸毛少；果肉黄白色，近核处有红丝，口感甘甜浓香，肉质硬脆，完熟时果汁多；可溶性固形物含量14.3%；半离核。8月中下旬成熟。

综合评价： 该品种栽培适应性强，早实丰产，果个大，着色全红艳丽，风味浓香，品质优，但完熟时不耐贮运。建园时需配置授粉树。

栽培技术要点：

（1）施肥以9～10月秋施基肥为主，采收前20天增施钾肥，亩产量控制在2 500千克左右为宜。

（2）采用开心形或Y形栽培，幼树以培养结果枝组为主，夏季重视背上旺梢控制。

（3）疏果时掌握疏枝条远端果、畸形果和病虫果。

（4）主要防治细菌性穿孔病、桃蚜、潜叶蛾、红蜘蛛和桃小食心虫等病虫害。

（5）配置大久保作授粉树，授粉品种与主栽品种的比例为1：（4～5）。

花枝形态

单花形态

果实外观形态（平视）

多果组合

果实外观形态（俯视）

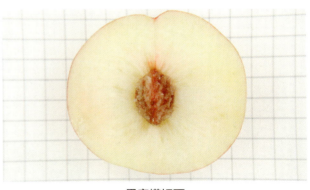
果实横切面

果　核

果实纵切面

燕红（绿化9号）

品种来源： 北京西苑果园自然实生苗选出。

品种分布： 全区各乡镇。

植物学性状： 树势健壮，树姿直立，幼树生长旺盛。萌芽率高，成枝力强。以中、长果枝结果为主。一年生枝红褐色，背面绿色，多年生枝灰褐色。叶片长披针形，叶色深绿而光滑，叶柄上的蜜腺小，呈肾形。蔷薇形花，花粉量大，自花结实率高，复花芽多而饱满。

果实性状： 果实近圆形，稍扁，果个大，平均单果重298.0克；果顶微凸、缝合线深、两侧对称；果面黄绿色，有暗红晕和断续粗条纹，果皮茸毛较少；果肉乳白色并微带浅红色，近核处紫红色，充分成熟时柔软多汁，品质优；可溶性固形物含量12.8%；粘核。8月下旬成熟。

综合评价： 果皮茸毛较少，柔软多汁，品质优，耐贮运，抗性强，高抗桃细菌性黑斑病，商品价值高。

栽培技术要点：

（1）加强肥水管理。以秋施基肥为主，采收前禁大肥大水。

（2）注意病虫害防治。坚持预防为主，综合防治的原则。

（3）注意培养结果枝组。修剪以留中长果枝为主，果枝间距20厘米为宜。

花枝形态

单花形态

果实外观形态（平视）

多果组合

果实外观形态（俯视）

果实横切面

果　核

果实纵切面

粘核14（红满脆）

品种来源：平谷地方品种。

品种分布：大华山镇、峪口镇、王辛庄镇。

植物学性状：树姿半开张，树势中庸。萌芽率高，成枝力强。一年生枝绿色微红，皮孔小而密。叶片长披针形，叶尖锐长，中脉不明显，叶缘钝锯齿状，较平整。蔷薇形花。花瓣粉白色至粉红色，单瓣，部分有重叠，花瓣圆形，花量极大，花粉多。

果实性状：果实长圆形，平均单果重261.0克，果顶圆微凸，缝合线中深，两侧较对称；果皮浅黄白色，果面着少量深红色条纹或红晕；果肉白色，近核处有不明显红色斑纹，硬溶质，味甜，粘核；可溶性固形物含量12.5%。果实8月中旬成熟。

综合评价：丰产，外观艳丽，风味适口，品质优良，抗性较强。

栽培技术要点：

（1）注意早疏花疏果，控制负载量。

（2）冬季修剪时，注意大型结果枝组培养及中小型结果枝组配备。

（3）夏季修剪时，注意长副梢的连续摘心，适当疏除过旺的直立徒长枝。

（4）生长季注意控水控肥，果实采收后施用足量基肥。

花枝形态

单花形态

果实外观形态（平视）

多果组合

果实外观形态（俯视）

果实横切面

果　核

果实纵切面

八 月 脆

品种来源： 北京市农林科学院林业果树研究所用绿化5号×大久保杂交而成。

品种分布： 峪口镇、王辛庄镇。

植物学性状： 树姿半开张，树势中庸偏弱。萌芽率高，成枝力强。一年生枝绿色，阳面红色稍深。叶片披针形，浓绿色，尖端渐尖。花蔷薇形，粉红色，花瓣卵圆形，无花粉，雌雄蕊等高。

果实性状： 果实近圆形，果形整齐，平均单果重465.0克；果顶平，缝合线浅，两侧较对称；茸毛较少，果皮底色黄白色，阳面具鲜红色或深红色晕；果肉白色，近核处有红丝，肉质细密而脆，纤维少，风味甜，不溶质；粘核；可溶性固形物含量12.7%。9月初成熟。

综合评价： 果个大，肉质细脆、硬韧，晚熟，外观鲜艳漂亮，风味一般，耐贮运。

栽培技术要点：

（1）整形修剪以拉枝、甩放、轻剪为主。修剪时选留结果枝以短果枝为主。

（2）加强肥水管理，严禁采摘前大水漫灌。

（3）在发芽前喷3～5波美度石硫合剂，花前花后主要防治桃蚜、潜叶蛾。

（4）此品种无花粉，需人工授粉或壁蜂、蜜蜂授粉。

花枝形态

单花形态

单果状

多果组合

果实外观形态（俯视）

果实横切面

果　核

果实纵切面

橙子蜜

品种来源：平谷地方品种。

品种分布：镇罗营镇。

植物学性状：树势中庸，树姿开张。萌芽率高，成枝力强。一年生枝阳面褐色，新梢绿色，光滑，有光泽。叶片深绿色，宽披针形，有皱褶，叶尖渐尖，叶基楔形，叶缘钝锯齿状，叶脉中密，蜜腺肾形。蔷薇形花，粉红色，雌雄蕊等高，花粉少。

果实性状：大果型，果实圆形，平均单果重358.0克；果顶圆，缝合线浅，茸毛短而稀，两侧较对称；果皮全面浓红色，果皮不易剥离；果肉白色，肉质硬脆，纤维少，风味甜，香气浓；粘核；可溶性固形物含量14.8%。9月下旬成熟。

综合评价：该品种是果个较大的硬溶质桃，颜色全红鲜艳、味脆甜、耐贮运、丰产，是晚熟优质桃新品种。

栽培技术要点：

（1）幼树期要加强肥水管理，促进尽快形成树冠，盛果期后要适当疏花疏果，合理控制产量。

（2）肥料以秋施为主，果实发育期适当补充磷钾肥。

（3）及时防治病虫害，特别是细菌性黑斑病、褐腐病和梨小食心虫。

花枝形态

单花形态

果实外观形态（平视）

多果组合

果实外观形态（俯视）

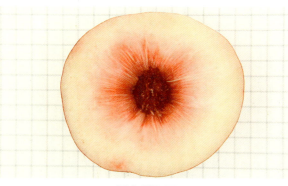

果实横切面

果　核

果实纵切面

湖 景 蜜 露

品种来源： 引自浙江奉化。

品种分布： 南独乐河镇、大兴庄镇。

植物学性状： 树势旺，树姿半开张。萌芽率高，成枝力强。一年生枝阳面褐色，光滑，有光泽。叶片深绿色，宽披针形，有皱褶，叶尖渐尖，叶基楔形，叶缘钝锯齿状，叶脉中密，蜜腺肾形。蔷薇形花，粉红色，雌雄蕊等高，花粉量一般，自花授粉。

果实性状： 果实圆形，大果型，平均单果重298.0克；果顶圆，缝合线浅，茸毛浓密；果皮全面浅红色，果皮易剥离；果肉白色，肉质硬脆，完熟后柔软多汁，纤维少，风味甜，香气浓；粘核；可溶性固形物含量14.5％。9月上旬成熟。

综合评价： 该品种个头较大、硬溶质、风味甜、香气浓、耐贮运、丰产，是晚熟优质桃新品种。

栽培技术要点：

（1）幼树期要加强肥水管理，促使尽快形成树冠，盛果期后要适当疏花疏果，合理控制产量。

（2）以秋施基肥为主，果实发育期适当补充磷、钾肥。

（3）及时防治病虫害。重点防治梨小食心虫、细菌性黑斑病、疮痂病。

花枝形态

单花形态

果实外观形态（平视）

多果组合

果实外观形态（俯视）

果实横切面

果　核

果实纵切面

京艳（北京24号）

品种来源： 北京市农林科学院林业果树研究所于1961年用绿化5号×大久保杂交而成。1977年定名。

品种分布： 平谷区各乡镇。

植物学性状： 树势健壮，树姿半开张。萌芽率高，成枝力强。一年生枝条阳面暗红色，阴面绿色。叶片披针形，叶色浓绿，叶片较平。蔷薇形花，复花芽多，花瓣粉红色，花药大，花粉多。

果实性状： 果实近圆形，平均单果重318.0克；果顶平或微凹，缝合线较浅或中等，两侧较对称，果形整齐，茸毛少；果皮底色黄白带绿色，全果可着红至深红色点状晕，较易剥离；果肉白色，阳面具深红色，近核处红色，肉质细密而软，汁液较多，纤维少，风味甜，有香气；粘核；可溶性固形物含量12.3%。9月上旬成熟。

综合评价： 该品种外观艳丽，品质好，耐贮运，采收前无落果，自花结实率高，丰产性好，抗旱、抗寒。

栽培技术要点：

（1）加强肥水管理，采前1个月适当施磷钾肥，以利果实生长和提高品质。

（2）采前注意控制水分以减少落果。

（3）注意加强病虫害防治。常见的有炭疽病、细菌性穿孔病、流胶病、褐腐病、梨小食心虫等。

花枝形态

单花形态

果实外观形态（平视）

多果组合

果实外观形态（俯视）

果实横切面

果　核

果实纵切面

莱 山 蜜

品种来源： 莱山蜜是在烟台莱山镇发现的实生变异单株。

品种分布： 峪口镇、大兴庄镇。

植物学性状： 树势健壮，树姿开张。萌芽率高，成枝力强。一年生枝阳面暗红色，阴面暗绿色。叶片披针形，叶缘钝锯齿状，叶色浓绿，叶片较平。复花芽较多，花蔷薇形，花瓣浅粉红色，雌蕊比雄蕊低，花粉较多。

果实性状： 果实近圆形，平均单果重357.0克；果顶平或微凸，缝合线明显，两侧对称，果面光洁，茸毛少，底色乳黄，果面着色70%以上，色泽鲜红，完熟后果皮易剥离；果肉乳白色，软溶质，近核处红色，粘核，果核椭圆形，较小；可溶性固形物含量14.3%。果实成熟期9月中旬。

综合评价： 该品种耐贮运，采收前无裂果、落果、干缩现象。坐果率高，丰产性好。不裂果。抗旱、抗寒、不耐涝。

栽培技术要点：

（1）加强肥水管理，盛果期以秋季施用有机肥为主，生长季适当补充磷、钾肥为辅。

（2）可采用自然开心形树形或Y形栽培。冬季修剪注意培养树形，合理配置结果枝组。

（3）自花结实能力强，花量大，必须疏花疏果。

（4）注意防治桃蛀螟、潜叶蛾、桃粉蚜等虫害，以及疮痂病、褐腐病、细菌性穿孔病等病害。

花枝形态

单花形态

果实外观形态（平视）

多果组合

果实外观形态（俯视）

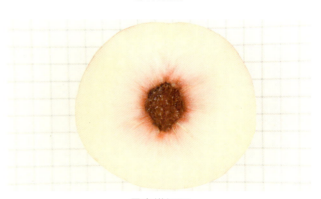

果实横切面

果　核

果实纵切面

谷红2号（晚9号）

品种来源：平谷区人民政府果品办公室选育的燕红芽变品种，2015年审定。

品种分布：平谷区各乡镇。

植物学性状：树姿较直立。萌芽率高，成枝力强。一年生枝红褐色，有光泽，节间长2.1厘米。叶片宽披针形，叶先端长渐尖，叶基偏斜楔形，叶缘钝锯齿状，叶柄长1.2厘米，蜜腺肾形，2～3个。花芽肥大，叶芽小，蔷薇形花，花蕾粉红色，大花型，花粉多，雌雄蕊等高。

果实性状：果实较大，平均单果重335.0克，圆形，两侧对称，果顶平，缝合线明显，两侧对称；果柄稍长，梗洼中深；果面全面着色艳红至深红，果皮底色黄白，茸毛稀而短，果面光洁；果肉底色白，近核处红色，肉质紧密，质细爽脆，浓甜，有香味，硬溶质；粘核，核较小；可溶性固形物含量12.6％。果实成熟期为9月上旬。

综合评价：该品种丰产性强，抗逆性强，品质优良，极耐贮运，无裂果、落果现象。

栽培技术要点：

（1）加强肥水管理，秋季以施用有机肥为主，生长季可适当追肥。

（2）合理负载，严格疏花疏果，长果枝留3～4个果，中果枝留2～3个果，盛果期亩产控制在3 000千克。

（3）该品种果实成熟晚，采用套袋栽培为好。

（4）重点防治蚜虫和螨类害虫。

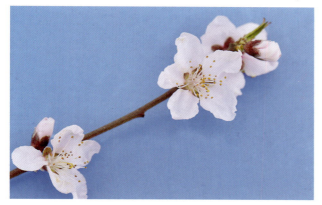

花枝形态

单花形态

果实外观形态（平视）

多果组合

果实外观形态（俯视）

果实横切面

果　核

果实纵切面

谷艳（晚24）

品种来源：平谷区果品办公室选育的偶然实生品种，2015年审定。

品种分布：大华山镇、刘家店镇、山东庄镇、峪口镇。

植物学性状：树势健壮，树姿半开张。萌芽率高，成枝力强。一年生枝条阳面暗红色，阴面绿色，节间短。叶色浓绿，叶披针形，叶片较平。复花芽多，花蔷薇形，花瓣粉红色，花药大，花粉多。

果实性状：果实近圆形，平均单果重314.0克；果顶平或微凸，两侧对称，缝合线明显；果面全面着艳红至深红色，果皮底色黄白，茸毛稀而短，果面光洁；果肉底色白，散生玫瑰红点，近核处红色，肉质紧密，质细爽脆；粘核，核较小；可溶性固形物含量13.9%。9月中下旬成熟。

综合评价：该品种果形周正，外观艳丽，品质一般，耐贮运，采收前无落果；坐果率高，丰产稳产，自花结实率高，抗旱、抗寒。

栽培技术要点：

（1）加强肥水管理，采前控水，采收后及时施入有机肥，恢复树势。

（2）严格疏花疏果，亩产量控制在3 000千克左右。

（3）成熟期晚，重点防治褐腐病、细菌性黑斑病等。

花枝形态

单花形态

果实外观形态（平视）

多果组合

果实外观形态（俯视）

果实横切面

果　核

果实纵切面

晚 蜜

品种来源： 北京市农林科学院林业果树研究所选育。

品种分布： 大华山镇、峪口镇。

植物学性状： 树势强健，树姿半开张。萌芽率高，成枝力强。一年生枝阳面褐色，背面绿色，枝条节间平均长1.9厘米。叶为长椭圆披针形，叶面平展或微波状，叶基楔形近直角，顶端轻微外卷，叶缘钝锯齿状，蜜腺肾形，2个为主。花芽起始节位低，复花芽多，花蔷薇形，花瓣粉红色，雌蕊比雄蕊略低，花粉多。

果实性状： 果实近圆形，平均单果重227.0克，果顶圆，缝合线浅，两侧对称；果皮底色淡绿或黄白色，果面1/2着紫红色晕，不易剥离，完熟时可剥离；果肉白色，近核处红色，肉质硬溶质，完熟后多汁，味甜；粘核；可溶性固形物含量13.7%。9月下旬果实成熟。

综合评价： 各类果枝均能结果，丰产性强，着色好、硬度大和耐贮运，果味甘甜如蜜，在一般管理条件下，容易获得优质高产。

栽培技术要点：

（1）生产上要注意生长期管理，前期注意合理施肥，保花保果，减少徒长。

（2）加强夏季修剪，减少徒长，改善通风透光条件。

（3）注意雨季排涝，防治红蜘蛛、梨小食心虫、褐腐病等病虫害。

花枝形态

单花形态

果实外观形态（平视）

多果组合

果实外观形态（俯视）

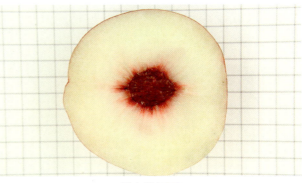

果实横切面

果　核

果实纵切面

艳丰1号

品种来源： 平谷区果品办公室于1988年在大华山镇后北宫村发现的桃自然实生株。

品种分布： 大华山镇、峪口镇、刘家店镇、王辛庄镇。

植物学性状： 树势强健，树姿半开张。萌芽率高，成枝力强。一年生枝绿色，多复花芽，盛果期树以中短果枝结果为主。叶片披针形，叶面平展，叶色绿至深绿，叶缘钝锯齿状。花蔷薇形，粉红色，花瓣卵圆形，花粉少，雌雄蕊等高。

果实性状： 果实卵圆形，果实大而整齐，平均单果重335.0克；果顶圆，缝合线浅，两侧略不对称，果面茸毛较少；果皮黄白色，不易剥离，果面1/2以上着红色晕；果肉白色，略带条状红色，近核处红色，硬溶质，肉脆，味甜；粘核；可溶性固形物含量12.9%。9月中旬果实成熟。

综合评价： 适应性强，抗旱、抗寒性强，无裂果，但采前有落果现象。

栽培技术要点：

（1）生长季注意加强肥水管理，秋季以施用有机肥为主，果实膨大期及时追肥。

（2）注意夏季修剪，控制内膛枝条生长，合理疏果，避免造成光照不足和果实着色不良。

（3）幼树宜轻剪长放，促发中短果枝，留果时以中短果枝为主，能明显提高产量。

（4）需要配置授粉树，加强人工授粉。

花枝形态

单花形态

果实外观形态（平视）

多果组合

果实外观形态（俯视）

果实横切面

果　核

果实纵切面

寿 王 仙

品种来源：平谷地方品种。

品种分布：峪口镇、南独乐河镇。

植物学性状：树势健壮，树姿开张。萌芽率高，成枝力强。一年生枝阴面绿色，阳面暗红，以中、长果枝结果为主；叶为披针形，基部圆楔形，叶尖渐尖而斜，叶面平展，叶缘锯齿圆钝，蜜腺2～4个，肾形。花蔷薇形，粉红色，雌雄蕊等高，花粉量一般，自花授粉。

果实性状：果实圆形，平均单果重359.0克；果顶平或微凸，缝合线较浅，两侧对称，果实各部位成熟度一致；果实表面茸毛较短，果皮底色白色，着红色；果肉白色，硬溶质，果汁中等，风味甜；粘核；可溶性固形物含量12.9%。10月上旬成熟。

综合评价：该品种采前落果轻，丰产性强，适应性良好，抗逆性强，是极晚熟的优良品种。

栽培技术要点：

（1）土壤以沙壤土为宜，忌低洼地及盐碱地。适宜株行距4米×6米或3米×6米。

（2）树形采用三主枝开心形或Y形，主枝开张角度不宜过大。

（3）花期和幼果期注意疏花疏果。果实生长发育过程中保持充足肥水，肥料以有机肥为主，辅以适当氮肥和钾肥。

花枝形态

单花形态

果实外观形态（平视）

多果组合

果实外观形态（俯视）

果实横切面

果　核

果实纵切面

桃 王 99

品种来源： 引自山东泰安。

品种分布： 大华山镇、南独乐河镇。

植物学性状： 树势健壮，树姿半开张。萌芽率高，成枝力强。以中、短果枝结果为主。一年生枝绿色，阳面暗红。叶为披针形，基部圆楔形，叶尖渐尖而斜，叶面平展，叶缘锯齿圆钝，蜜腺2～3个，肾形。花蔷薇形，粉红色，雌雄蕊等高，花粉量一般，自花授粉。

果实性状： 果实圆形，平均单果重512.0克；果顶尖，缝合线较浅，两侧对称；果实各部位成熟度一致；果实表面茸毛较短，果皮底色白色，着红色；果肉绿白色，硬溶质，果汁中等，风味甜，可溶性固形物含量13.9%；粘核。10月上中旬成熟。

综合评价： 该品种属优质的晚熟桃品种，硬溶质，风味脆甜，采前落果轻，丰产性强，适应性良好，抗寒性强。

栽培技术要点：

（1）土壤以沙壤土为宜，忌低洼地及盐碱地。

（2）树形采用三主枝开心形或Y形，主枝开张角度不宜过大。修剪以长枝修剪为主，合理搭配结果枝组，骨干枝角度以50°为好。

（3）预防褐腐病、穿孔病、根癌病，以及桃蚜、红蜘蛛、潜叶蛾、介壳虫等。

（4）花期和幼果期注意疏花疏果。果实生长发育过程中保持充足肥水，肥料以有机肥为主，辅以适当氮肥和钾肥。

花枝形态

单花形态

果实外观形态（平视）

多果组合

果实外观形态（俯视）

果实横切面

果　核

果实纵切面

艳丰6号（晚久保）

品种来源： 平谷区人民政府果品办公室选育的芽变品种。

品种分布： 金海湖镇、大华山镇。

植物学性状： 树势中庸，树姿半开张。萌芽率高，成枝力强。一年生枝阳面红褐色，背面绿色。叶长椭圆披针形，叶面微向内凹，叶尖微向外卷，叶片长16.6厘米，宽4.2厘米，叶柄长1.1厘米，叶基楔形近直角、绿色，叶缘钝锯齿状。蜜腺肾形，2～4个。花蔷薇形，粉色，花药橙红色，有花粉，萼筒内壁绿黄色，雌蕊与雄蕊等高或略低。

果实性状： 果实近圆形，平均单果重247.0克，果顶圆微凸，缝合线浅，较明显，两侧较对称，果形整齐，茸毛中等；果皮浅黄绿色，阳面至全果着红色条纹，易剥离；果肉乳白色，阳面有红色，近核处红色，肉质致密柔软，汁液多，纤维少，风味甜，有香气；离核；可溶性固形物含量12.6%。9月下旬成熟。

综合评价： 该品种丰产性良好，果形好，颜色艳丽，抗病虫能力强。

栽培技术要点：

（1）注意加强夏季修剪，尤其是采收以后，及时控制背上直立旺枝，改善通风透光条件，促进花芽分化。

（2）加强肥水管理，一年中前期追肥以氮肥为主，磷、钾配合使用，促进枝叶生长，后期追肥以钾肥为主、配合磷肥，尤其在采收前20～30天可叶面喷0.3%的磷酸二氢钾，以增大果个，增加着色，提高品质。秋施基肥应适量加施氮、磷、钾肥，可增加树体营养，提高翌年坐果率。

（3）主要控制蚜虫、红蜘蛛危害，在果实近熟时，由真菌引起的根霉软腐病、褐腐病、炭疽病等果实病害也较为严重。对病虫害的防治应及时注意病情、虫情的发生和发展情况，适时施药。

花枝形态

单花形态

果实外观形态（平视）

多果组合

果实外观形态（俯视）

果实横切面

果　核

果实纵切面

中华寿桃

品种来源： 青州蜜桃的浓红型芽变。

品种分布： 南独乐河镇、黄松峪乡。

植物学性状： 树势强健，树姿直立。萌芽率中等，成枝力强，一年生枝绿色。叶片披针形，叶面平展，叶色绿至深绿，叶缘钝锯齿状。花蔷薇形，粉红色，花瓣卵圆形，花粉多，雌雄蕊等高。

果实性状： 果实近圆形，平均单果重415.0克；果顶凸起，缝合线明显，并一直延续到果尖，两侧左右对称；果实经套袋后，底色乳黄，色泽鲜红艳丽，着色面达70%以上；果面光洁，茸毛极少；果肉脆嫩，硬溶质，黄白色，近核有放射状红色；粘核；可溶性固形物含量14.1%。10月初成熟。

综合性状： 果实大，肉质细脆、硬韧，极晚熟，外观鲜艳漂亮，味甜，耐贮运，但抗低温能力一般。

栽培技术要点：

（1）注意开张枝条角度，轻剪缓放，缓和树势。

（2）整形修剪时以长放为主，促发中短枝，提高产量。

（3）加强肥水管理，以秋施有机肥为主，亩施有机肥4吨。

（4）因北方地区抗寒能力差，栽培宜选择背风向阳地区栽植。

花枝形态

单花形态

果实外观形态（平视）

多果组合

果实外观形态（俯视）

果实横切面

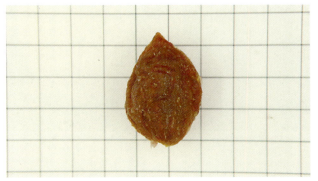

果　核

果实纵切面

中秋王4号

品种来源： 引自山东泰安。

品种分布： 夏各庄镇、南独乐河镇。

植物学性状： 树势健壮，树姿半开张。萌芽率高，成枝力强。一年生枝绿色，阳面暗红，以中、短果枝结果为主。叶为披针形，基部圆楔形，叶尖渐尖而斜，叶面平展，叶缘锯齿圆钝，蜜腺4个，肾形。花蔷薇形，粉红色，雌雄蕊等高，花粉量一般，自花授粉。

果实性状： 果实圆形，平均单果重339.0克；果顶圆平，缝合线较浅，两侧对称，果实各部位成熟度一致；果实表面茸毛较短，果皮底色白色，着红色；果肉白色，硬溶质，果汁中等，风味甜；粘核；可溶性固形物含量15.9%。10月上旬成熟。

综合评价： 该品种属优质的晚熟桃品种，硬溶质，风味脆甜，采前落果轻，丰产性强，适应性良好，抗低温能力强。

栽培技术要点：

（1）土壤以沙壤土为宜，忌低洼地及盐碱地。

（2）树形采用三主枝开心形或Y形，主枝开张角度不宜过大。

（3）修剪以长枝修剪为主。注重枝组培养。

（4）预防褐腐病、穿孔病、根癌病，以及桃蚜、红蜘蛛、潜叶蛾、介壳虫等。

（5）花期和幼果期注意疏花疏果。果实生长发育过程中保持充足肥水，肥料以有机肥为主，辅以适当氮肥和钾肥。

花枝形态

单花形态

果实外观形态（平视）

多果组合

果实外观形态（俯视）

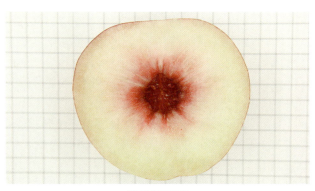

果实横切面

果　核

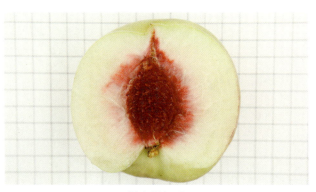

果实纵切面

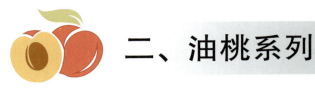 **二、油桃系列**

夏 至 红

品种来源： 北京市农林科学院林业果树研究所育成。

品种分布： 大华山镇、刘家店镇。

植物学性状： 树势中庸，树姿半开张。萌芽率高，成枝力强。一年生枝向阳面褐色，背光面绿色。长果枝节间长2.51厘米，花芽起始节位2.5节，以中短枝结果为主。叶片为长椭圆披针形，叶尖渐尖，叶基楔形，叶缘钝锯齿状，叶腺肾形。花铃形，雌蕊高于雄蕊，花药橙红色，花粉量多。

果实性状： 果实近圆形，平均单果重130.0克；果顶微凸，缝合线浅，两侧对称；果皮底色为黄白色，近全面着玫瑰红色或紫红色晕、色泽艳丽，无裂果；果肉黄白色，近核处果肉无红丝，硬溶质，汁液多，风味香甜；粘核；可溶性固形物含量11.9%。6月下旬成熟。

综合评价： 适应性强，抗旱，未发现抽条现象，生长结果正常，早果丰产。

栽培技术要点：

（1）注意合理负载，适时定量进行疏花疏果，亩产量控制在2 500千克左右。

（2）加强土肥水管理。注意秋施基肥，禁止大水漫灌。

（3）加强病虫害综合管理，注意避免高温天气用药以免产生药害。

（4）加强整形修剪工作，注意5～6月摘心，7～8月疏除过密旺梢，冬季修剪以整形为主。

花枝形态

单花形态

果实外观形态（平视）

多果组合

果实外观形态（俯视）

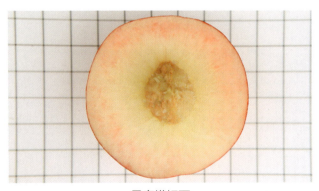

果实横切面

果　核

果实纵切面

澳油（酸）

品种来源：不详。

品种分布：峪口镇、大华山镇等。

植物学性状：树姿直立，树势强健。萌芽率高，成枝力强。一年生枝阳面褐色。叶片长椭圆披针形，叶尖锐长，叶脉明显，叶缘无锯齿，不平整。蔷薇形花，花瓣粉红色，单瓣花，圆形，瓣缘有皱缩，花粉多。

果实性状：果实扁圆形，果个中大，平均单果重218.0克；果顶凹陷，缝合线浅，两侧对称；果皮黄色、中厚，果面全部着红晕伴有深红色斑块；果肉黄色，风味酸甜；离核；可溶性固形物含量15.8%。果实成熟期在7月上旬。

综合评价：丰产，风味酸甜，外观艳丽，品质优良。

栽培技术要点：

（1）注意疏花疏果，合理确定负载量。

（2）注意冬季修剪，开张树势，降低枝势。

（3）加强夏季修剪，减少副梢数量，防止徒长。

（4）加强病虫害管理，及时防治病害。

（5）注意树体通风透光，采前适当控水。

花枝形态

单花形态

果实外观形态（平视）

多果组合

果实外观形态（俯视）

果实横切面

果　核

果实纵切面

澳油（甜）

品种来源：不详。

品种分布：大华山镇、刘家店镇、王辛庄镇、山东庄镇。

植物学性状：树姿开张，树势中庸。萌芽率高，成枝力中等。一年生枝深红色，背光面绿色，皮孔密而大。叶片长披针形，叶缘钝锯齿状，叶尖尖锐，叶背面中脉明显较平整。花蔷薇形，花瓣粉红色，单瓣有重叠，长圆形，花量大，花粉多。

果实性状：果实长圆形，果个中大，平均单果重192.0克，果顶凹陷有微凸，缝合线浅，两侧不对称。果皮黄色、皮薄，果面全部着红霞；果肉黄色，风味甜；粘核；可溶性固形物含量16.8%。果实成熟期7月上旬。

综合评价：丰产，风味适口，外观艳丽，品质优良。

栽培技术要点：

（1）注意疏花疏果，合理确定负载量。

（2）适合自然开心形，冬季修剪时，注意留主枝两侧的一年生枝作为结果枝组。

（3）夏季修剪时，利用摘心手段培养结果枝组，增加枝量。

（4）加强土肥水管理，增强树势。

花枝形态

单花形态

果实外观形态（平视）

多果组合

果实外观形态（俯视）

果实横切面

果　核

果实纵切面

红 珊 瑚

品种来源： 北京市农林科学院植物保护环境保护所用秋玉×NJN76杂交而成。

品种分布： 刘家店镇、峪口镇、大华山镇。

植物学性状： 树姿半开张，树势中等，幼树半直立。萌芽率高，成枝力强。叶片中大，叶片披针形，叶面平展，叶色绿至深绿，叶缘钝锯齿状。花铃形，淡粉红色，花粉多。

果实性状： 果实近圆整齐，平均单果重227.0克；果顶平，缝合线浅，两侧对称；果面着鲜红至玫瑰红色，有不明显条斑纹；果肉乳白色，硬溶质，肉质细，风味浓甜，香味中等；粘核；可溶性固形物含量14.8%。7月底成熟。

综合评价： 该品种硬肉、外观美、品质优、早实、丰产性强，多年未见裂果，耐贮运。

栽培技术要点：

（1）选择排水良好、土层深厚、土质较疏松的地块建园，避免在土质黏重、排水不良、湿度大的地块种植。

（2）栽植前施足底肥，每年以秋施基肥为主，配合花后至硬核前追施复合肥。

（3）注意防治蚜虫、卷叶虫及椿象等危害。

（4）适时采收，果肉具有弹性而未软判断适采期，切勿以果皮着色程度来判断。

花枝形态

单花形态

果实外观形态（平视）

多果组合

果实外观形态（俯视）

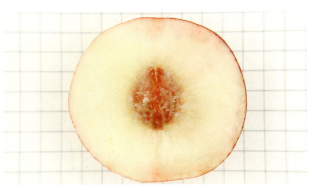

果实横切面

果　核

果实纵切面

金 美 夏

品种来源： 北京市农林科学院农业综合发展研究所用油桃优良品系81-3-10作母本、夏魁作父本杂交育成的油桃新品种。

品种分布： 大华山镇。

植物学性状： 树姿半开张，树势较旺盛。萌芽率高，成枝力强。一年生枝阳面紫红色，节间长2.6 ~ 3.1厘米。叶片长椭圆披针形，略近宽披针形，叶长18.0厘米、宽4.7厘米，先端渐尖或急尖，向侧后扭曲，基部楔形，叶面较平展，多数叶基部皱缩，边缘微波状，叶缘钝锯齿状；蜜腺肾形，2 ~ 4个着生于叶柄或叶基部。花蔷薇形，浅粉色，雌蕊与雄蕊等高，花药红色，有花粉。

果实性状： 果实近圆稍扁形，平均单果重202.1克；果顶微凸，缝合线浅，两侧对称；果实底色黄色，全部果面呈浓红色，果皮光滑无毛；果肉黄色，硬溶质，硬度中等，有中度香气；粘核，无裂核；可溶性固形物含量13.4%。果实7月中旬成熟。

综合评价： 该品种丰产性好，抗性强，果实艳丽，风味浓甜，鲜食品质优良，适合观光果园发展。

栽培技术要点：

（1）选择在排水良好、土层深厚、光照充足的地块建园。

（2）增施基肥，基肥以充分腐熟的有机肥为主，配合磷钾肥。追肥需氮、磷、钾肥配合，最好于落花后追施果树专用肥，以提高果品质量。

（3）花后注意疏果，以提高果实品质。

（4）及时夏剪，以改善树冠内光照，促进果实着色。

（5）幼树控制生长，冬剪时在留有预备枝的情况下，采用长枝修剪技术。

（6）做好蚜虫、金龟子、红蜘蛛、介壳虫及油桃细菌性穿孔病等病虫害的防治工作。

花枝形态

单花形态

果实外观形态（平视）

多果组合

果实外观形态（俯视）

果实横切面

果　核

果实纵切面

锦　春

品种来源： 北京市农林科学院农业综合发展研究所的93-4-9与93-4-44的杂交后代。

品种分布： 大华山镇。

植物学性状： 树姿半开张，树势较旺盛。萌芽率高，成枝力强。一年生枝阳面暗红色至浅褐色。叶片长椭圆披针形，叶面波状，新叶绿色，成熟叶片紫红色，主脉紫红色，先端渐尖，基部楔形，叶缘钝锯齿状，蜜腺圆形，叶柄长。花蔷薇形，红色，单瓣或复瓣，花瓣数5～12枚，部分花丝瓣化，花药红色，有花粉。

果实性状： 果实圆正，平均单果重120.0克；果顶圆平，缝合线浅，两侧果肉对称；果皮光滑无毛，底色绿白，表面着玫瑰红色，果面色泽艳丽；果肉乳白色，软溶质，果汁多，风味甜，微香，较耐贮运；半离核，无裂核；可溶性固形物含量12.2%。7月中旬成熟。

综合评价： 品质优，早果、丰产，抗性强。

栽培技术要点：

（1）种植密度：选择排水良好、土层深厚、阳光充足的地块种植，株行距为3米×5米或4米×6米为宜。

（2）花果管理：花后疏花一次，疏小果两次，再定果。

（3）肥水管理：增施基肥，以有机肥为主，配合钾肥。

（4）整形修剪：树形采用开心形或主干形均可。初结果树以长、中果枝结果为主，修剪时多留长、中果枝，夏季及时疏除背上旺长枝梢，保持树冠内通风透光。

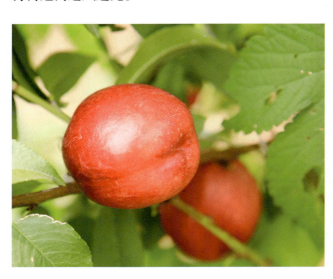

花枝形态

单花形态

果实外观形态（平视）

多果组合

果实外观形态（俯视）

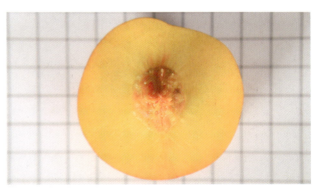

果实横切面

果　核

果实纵切面

京和油1号

品种来源：北京市农林科学院农业综合发展研究以油桃新品系89-2-1与伏扎德杂交育成。

品种分布：大华山镇。

植物学性状：树姿半开张，树势较旺盛。萌芽率高，成枝力强。一年生枝绿色，阳面紫红色。叶片长椭圆披针形，长18.0厘米，宽3.9厘米，叶缘钝锯齿状，叶面平滑，蜜腺肾形，2～3个着生于叶柄。花蔷薇形，花药黄色，无花粉。

果实性状：果实近圆形稍长，平均单果重217.0克，最大单果重270.0克；果顶圆平，果实鲜红色至玫瑰红色，果皮光滑无毛；果肉乳白色，有红色果肉，硬溶质，口感较细腻，汁液多，香气中等，风味甜，鲜食品质优；离核，无裂核；可溶性固形物含量12%～15%。果实7月中旬成熟。

综合评价：果个大，商品性好，硬度高，耐贮运，鲜食品质优。

栽培技术要点：

（1）园址宜选择排水良好、土层深厚、阳光充足的浅山、丘陵或平原地区，要注意配置授粉品种。

（2）树形可采用传统的开心形或有主干的改良纺锤型。

（3）建议采用套袋技术，改善着色，在授粉后1个月进行定果套袋，在果实成熟前7～10天摘袋。自然状态下着色不全，但在辅以套袋、铺设反光膜等栽培措施下，着色可达到100%。

（4）加强病虫害防治，注意防治蚜虫、卷叶虫、红蜘蛛等害虫。

花枝形态

单花形态

果实外观形态（平视）

多果组合

果实外观形态（俯视）

果实横切面

果 核

果实纵切面

玫 瑰 红

品种来源： 郑州果树研究所用京玉 × 五月火杂交而成。

品种分布： 刘家店镇、峪口镇、大华山镇。

植物学性状： 树势中庸，树姿半开张。萌芽率高，成枝力强。一年生枝阳面红褐色，背面绿色。叶面波状，新叶绿色，成熟叶片紫红色，主脉紫红色，先端渐尖，基部楔形，叶缘钝锯齿状。花铃形，花色粉红，花粉多。

果实特征： 果实近圆形，平均单果重149.0克，最大果重245.0克；果顶微凸，缝合线对称；果面光滑，玫瑰红色，底色淡绿色，果皮无毛，不易剥皮；果肉白色、质地细嫩、汁多味甜，香气浓郁，风味浓，软溶质；可溶性固形物含量12.5%；半离核。7月初成熟。

综合评价： 果实圆整，成熟度一致，极丰产，肉质硬，耐贮运。

栽培技术要点：

（1）适宜在光照充足、土层深厚的沙壤土种植。

（2）露地栽培适宜的种植密度为株距2～3米，行距5～6米。

（3）保护地栽培株距1～1.5米，行距1.5～2.0米。露地栽培以两主枝或三主枝自然开心形为宜；保护地栽培以主干形或两主枝形为宜。

（4）重视夏季修剪，控制树势；冬季修剪要轻，进行长梢修剪以缓和树势，配合疏花疏果，以便提高果实的商品价值。

（5）加强有机肥的施入，并注意提早追肥以增大果个和提高可溶性固形物含量。

（6）该品种丰产性能极强，因此必须严格进行疏花疏果。

花枝形态

单花形态

果实外观形态（平视）

多果组合

单果状

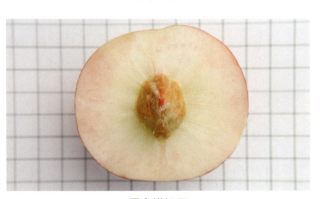

果实横切面

果　核

果实纵切面

瑞 光 5 号

品种来源：北京市农林科学院林业果树研究所用京玉×NJN76杂交而成。

品种分布：峪口镇、大兴庄镇、大华山镇、刘家店镇。

植物学性状：树势强健，树姿半开张。萌芽率高，成枝力强。一年生枝绿色，向阳面着红色。叶片长披针形，中脉较明显，叶片平整，叶缘钝锯齿状。单瓣铃形花，粉红色花瓣，花萼明显，花粉多。

果实性状：果实近圆形，平均单果重165.0克，最大单果重240.0克；果顶平，缝合线浅，两侧对称；果皮底色为黄白色，果面1/2着紫红色或玫瑰红色晕，果皮不易剥离；果肉白色，肉质细，硬溶质，完熟后柔软多汁，风味甜；粘核；可溶性固形物含量11.7%。果实7月中旬成熟。

综合评价：风味甜、外形美观；自然坐果率高，结果早，丰产性好；花粉多，是优良的早熟油桃品种。

栽培技术要点：

（1）树势较强，修剪时应控制旺长，注重夏剪工作，冬剪以长放修剪手法为主。

（2）合理施肥和灌水，采前禁止大水漫灌。

（3）花期如遇低温天气，应适当多留果，以保产量。

（4）加强雨季病虫害防治。

花枝形态

单花形态

果实外观形态（平视）

多果组合

单果状

果实横切面

果　核

果实纵切面

瑞 光 7 号

品种来源： 北京市农林科学院林业果树研究所用京玉 × B7R2T129 杂交而成。

品种分布： 刘家店镇、峪口镇、大华山镇。

植物学性状： 树姿半开张，树势中等。萌芽率中等，成枝力中等。一年生枝条阳面褐色，皮孔中密。叶片长披针形，中脉较明显，叶缘钝锯齿状。单瓣花，有部分重叠，蔷薇形花，花粉多，雌蕊略高于雄蕊。

果实性状： 果实近圆形，平均单果重189.0克；果顶圆，缝合线浅，两侧对称，果形整齐；果皮底色淡绿或黄白，果面1/2至全面着紫红或玫瑰红色点或晕，不易剥离；果肉黄白色，肉质细，硬溶质，耐运输，味甜或酸甜适中，风味浓，半离核或离核；可溶性固形物含量13.1%。果实7月中旬成熟。

综合评价： 该品种为优良的早中熟油桃品种，丰产。其不足之处是果面光泽度不够。

栽培技术要点：

（1）加强早期肥水供应，秋季增施有机肥。

（2）加强夏季修剪，改善通风透光条件，促进果实着色。

（3）适时采收，防止果实偏酸或过软。

（4）注意疏花疏果，控制留果量，叶果比50：1左右，防止树势早衰。

花枝形态

单花形态

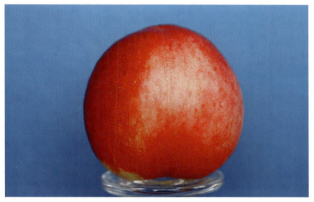

果实外观形态（平视）

多果组合

果实外观形态（俯视）

果实横切面

果　核

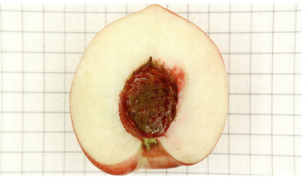

果实纵切面

瑞光 19 号

品种来源： 北京市农林科学院林业果树研究所用丽格兰特 ×81-25-6 杂交而成。

品种分布： 刘家店镇、峪口镇、平谷镇等。

植物学性状： 树势中庸，树姿半开张。萌芽率高，成枝力强。一年生枝阳面红褐色，背面黄绿色。叶长椭圆披针形，叶片绿色，叶片长 15.1 厘米、宽 3.8 厘米，叶柄长 0.9 厘米，叶面平展，叶基楔形近直角，叶缘钝锯齿状，蜜腺肾形，有 2～4 个。花蔷薇形，花瓣粉红色，花药橙红色，花粉多，萼筒内壁绿黄色，雌雄蕊等高或雌蕊略低于雄蕊。

果实性状： 果实近圆形，平均单果重 160.0 克，最大果重 220.0 克；果顶圆，缝合线浅，两侧对称，果形整齐；果皮底色黄白，果面近全面着玫瑰红色晕，不易剥离；果肉白色，肉质细，硬溶质，味甜，半离核；可溶性固形物含量 12.7%。7 月下旬成熟。

综合评价： 中熟甜油桃新品系，丰产性强。不足之处果个较小。

栽培技术要点：

（1）生产上要注意加强早期肥水供应，秋季增施有机肥，果实采收后控制灌水，控制旺长，控制树冠。

（2）加强花果管理，应合理留果，一般长果枝留 3～4 个果，中果枝留 2～3 个果，短果枝留 1～2 个果，花束状果枝不留果，亩产量控制在 2 000 千克左右。套袋栽培可使该品种果面洁净，色泽更鲜艳，减少病虫危害，提高果实品质。

（3）重视夏季修剪，特别是在果实采收前 20～30 天，注意改善树冠内通风透光，促进果实着色。

（4）适时采收，采收过迟果实风味变淡。

花枝形态

单花形态

果实外观形态（平视）

多果组合

果实外观形态（俯视）

果实横切面

果 核

果实纵切面

瑞 光 22 号

品种来源： 北京市农林科学院林业果树研究所用丽格兰特×82-48-12杂交而成。

品种分布： 刘家店镇、峪口镇、大华山镇、大兴庄镇。

植物学性状： 树姿半开张，树势强健。萌芽率高，成枝力强。一年生枝阳面红褐色，背面绿色。叶披针形，叶面微向内凹，叶尖微向外卷，叶基急尖楔形，叶缘钝锯齿状，蜜腺肾形。花铃形，花瓣卵圆形，深红色，花药橙红色，花粉多。

果实性状： 果实近圆形，平均单果重180.0克；果顶圆平，缝合线浅，梗洼中等深宽；果皮中等厚，不易剥离，底色为黄色，果面近全面着红色晕间有细点，完熟后紫红色；果肉黄色，近核同肉色、无红，硬溶质，肉质细，风味甜，有香气；果核浅棕色，半离核，不裂核；可溶性固形物含量12.3%。果实7月初成熟。

综合评价： 早熟黄色浓红型甜油桃，甜味浓，抗性强，耐运输。

栽培技术要点：

（1）根据既有利于早期丰产，又方便后期管理的原则，三主枝自然开心形整枝，可采用株行距4米×6米进行定植；Y形整枝株行距可采用3米×6米。

（2）加强早期肥水供应，花前和果实膨大期及时补充树体营养，花前以氮肥为主，膨大期以速效性氮、磷、钾肥配合使用，促进果实膨大和果实品质提高。

（3）幼树期生长势强，应加强夏季修剪，控制树势。冬剪时要轻修剪，以缓和树势。

（4）骨干枝的延伸角度不可过大，防止背上冒条。严格控制主枝头和内膛徒长枝的生长，改善通风透光条件，促进果实着色和花芽分化。

（5）坐果率高，应合理留果，有利果个增大和品质提高。

花枝形态

单花形态

果实外观形态（平视）

多果组合

果实外观形态（俯视）

果实横切面

果　核

果实纵切面

瑞 光 28 号

品种来源： 北京市农林科学院林业果树研究所用丽格兰特×瑞光2号杂交而成。

品种分布： 刘家店镇、峪口镇、大华山镇、王辛庄镇。

植物学性状： 树势健壮，树姿半开张。萌芽率高，成枝力中等。一年生枝阳面红褐色，背面黄绿色。叶为长椭圆披针形，叶面平展，微向内凹，叶尖微向外卷，叶基楔形近直角，叶片黄绿色，叶缘钝锯齿状，蜜腺肾形。花铃形，花瓣深粉色，花药橙红色，花粉多，萼筒内壁橙黄色，雌蕊明显高于雄蕊。

果实性状： 果实近圆形至短椭圆形，果个大，平均单果重219.0克；果顶平，缝合线浅，两侧较对称；果皮底色为黄色，果顶圆，果面的80%至全面着紫红色晕，阳面有片状色斑；果肉黄色，风味浓甜，粘核；可溶性固形物含量13.6%。果实7月中旬成熟。

综合评价： 果个大，味甜，黄肉，外观好，是目前综合性状较好的早熟优良桃品种之一。

栽培技术要点：

（1）合理密植，树形采用三主枝自然开心形或Y形。

（2）加强施肥管理，该品种果个大，为充分发挥品种固有特性，应增施有机肥，果实成熟前20～30天增施速效钾肥，促进果实全面着色。

（3）加强花果管理，合理疏果，以利果个增大和提高品质，提高商品果率。

（4）重视夏季修剪，特别是在果实采收前1个月，注意改善树冠内通风透光，促进果实着色。

花枝形态

单花形态

果实外观形态（平视）

多果组合

果实外观形态（俯视）

果实横切面

果　核

果实纵切面

瑞光41号

品种来源： 北京市农林科学院林业果树研究所用81-26-9×早红2号杂交而成。

品种分布： 刘家店镇、大华山镇。

植物学性状： 树势强，树姿较直立。萌芽率中等，成枝力强。一年生枝向阳面红色。叶片短椭圆形，叶尖钝，中脉明显，叶片不太平整，叶缘钝锯齿状。铃形单瓣花，长圆形，花萼明显，花量大，有花粉。

果实性状： 果实圆整，平均单果重145.0克；果顶平凹，缝合线浅，两侧对称；果面全面着玫瑰红色，缝合线较明显；果肉黄白色、硬溶质、味甜、硬度较高；粘核；可溶性固形物含量12.5%。7月上旬成熟。

综合评价： 果实圆整，味甜，硬度高，丰产性强。不足之处是果个较小。

栽培技术要点：

（1）及时疏果，合理留果，同时注意适时采收。

（2）注意平衡施肥，以秋施有机肥为主，采摘前增施钾肥。

（3）及时防治虫害。

（4）重视夏季修剪，特别是在果实采收前1个月，注意改善树冠内通风透光，促进果实着色。

花枝形态

单花形态

果实外观形态（平视）

多果组合

双果状

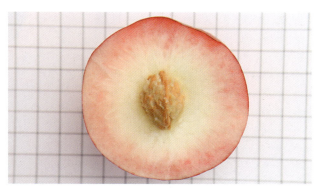

果实横切面

果　核

果实纵切面

瑞光美玉（瑞光29号）

品种来源：北京市农林科学院林业果树研究所用京玉×瑞光7号杂交而成。

品种分布：大华山镇、刘家店镇、平谷镇、金海湖镇、王辛庄镇、山东庄镇。

植物学性状：树姿半开张，树势中庸。萌芽率高，成枝力强。一年生枝阳面红褐色，背面绿色。叶长椭圆披针形，叶面微向内凹，叶基楔形近直角，叶绿色，叶缘钝锯齿状，蜜腺肾形，2～4个。花蔷薇形，粉色，花药橙红色，花粉多，萼筒内壁绿黄色，雌蕊与雄蕊等高。

果实性状：果实近圆形，平均单果质量187.0克；果顶圆或小突尖，缝合线浅；梗洼深度和宽度中等；果皮底色黄白，果面近全面着紫红色晕，不能剥离；果肉白色，皮下有红色素，近核处红色素少，硬肉，汁液中等，风味甜；离核；可溶性固形物含量12.7%。7月下旬成熟。

综合评价：抗寒力较强，无特殊敏感性逆境伤害和病虫害，中熟油桃品种。

栽培技术要点：

（1）加强基肥、硬核期追肥和果实迅速膨大期追肥等3个最关键时期的施肥管理。

（2）注意适时浇水，严禁果实膨大期大水漫灌。

（3）夏季修剪应注意及时控制背上直立旺枝。

（4）适时采收，防止采收过晚出现的果肉粉质化、品质下降等问题。

花枝形态

单花形态

果实外观形态（平视）

多果组合

果实外观形态（俯视）

果实横切面

果　核

果实纵切面

望 春

品种来源：北京市农林科学院农业综合发展研究所89-13-11的自然实生。

品种分布：大华山镇、刘家店镇。

植物学性状：树姿半开张，树势较旺。萌芽率高，成枝力强。一年生枝褐色至浅紫红色，节间长2.7厘米。叶片宽披针形，深绿色，先端渐尖，基部楔形，叶面较平展，叶缘钝锯齿状，蜜腺圆形，1～3个，叶柄长1.0厘米。花铃形，浅粉色，有花粉。

果实性状：果实近圆形稍长，果个大，平均单果重200.0克；果顶圆平或略有小唇状，梗洼深，缝合线浅，两侧对称；果皮底色黄色，近全面着鲜红至玫瑰红色，阳面着色浓，果点中大，严重时可影响外观；果肉黄色，硬溶质；半粘核，无裂核；可溶性固形物含量14.7%。7月中旬成熟。

综合评价：微香，风味甜，鲜食品质优，耐贮运。

栽培技术要点：

（1）选择地势平缓、土层深厚、土质疏松、排灌良好的背风向阳地块栽植。

（2）自然开心形采用株行距4米×6米进行定植，Y形株行距可选用3米×6米。

（3）一年中前期追肥以氮肥为主，磷肥、钾肥配合使用，促进枝叶生长，果实膨大期追肥以钾肥为主，配合磷肥。

（4）注意防治蚜虫、卷叶虫、红蜘蛛等病虫害。

花枝形态

单花形态

果实外观形态（平视）

多果组合

果实外观形态（俯视）

果实横切面

果　核

果实纵切面

中油 4 号

品种来源：中国农业科学院郑州果树研究所用25-17×五月火杂交而成。

品种分布：大华山镇、刘家店镇、王辛庄镇。

植物学性状：树姿开张，树势中庸偏强。萌芽率高，成枝力中等，生长快。一年生枝红色，皮孔密。叶片长披针形，中脉明显，叶片较平整，叶缘钝锯齿状。花铃形，单瓣花，花瓣长椭圆形，粉红色，花量较大。

果实性状：果实近圆形，大小较均匀，平均单果重184.0克；果顶圆，两侧对称，缝合线较浅，梗洼中深，果皮底色淡黄，成熟后全面着浓红色，树冠内外果实着色基本一致，光洁亮丽；果肉橙黄色，硬溶质，肉质细脆，味浓甜，品质佳；核小，粘核；可溶性固形物含量13.4%。7月上旬成熟。

综合评价：抗逆性较强，适应范围广，自然授粉坐果率高，结果早，丰产性强，耐贮运。

栽培技术要点：

（1）树形采用三主枝自然开心形和Y形。整形修剪时注意开张主枝角度。

（2）冬剪时，以长放为主，疏除背上强旺枝、侧生徒长枝和背下枝，重截细弱枝。

（3）夏剪注意疏除徒长枝。6月下旬对采收后的结果枝回缩到中部或基部的新梢处，促其成为结果枝，以降低结果部位，延缓结果部位外移。

（4）盛果期树秋施有机肥3～4吨/亩。花前、花后和果实膨大期追肥，以果树专用肥和复合肥为主，每亩施40～50千克。

（5）主要病虫害有细菌性穿孔病、桃蚜、潜叶蛾、红蜘蛛、桃蛀螟和刺蛾等。冬季清园，清除落叶杂草，剪除病虫枝，集中烧毁或深埋，消除越冬蛹或成虫。

花枝形态

单花形态

果实外观形态（平视）

多果组合

果实外观形态（俯视）

果实横切面

果　核

果实纵切面

中油 13 号

品种来源： 中国农业科学院郑州果树研究所选育。

品种分布： 大华山镇、刘家店镇、王辛庄镇。

植物学性状： 树姿半开张，树势中等偏旺。萌芽率高，成枝力强。一年生枝阳面红褐色。叶片长披针形，中脉明显，叶片较平整，叶缘钝锯齿状。花铃形，花瓣长椭圆形，花粉多。

果实性状： 果实扁圆或近圆形，平均单果重237.0克；果顶圆平，缝合线浅，两侧较对称；果皮底色乳白，80%以上果面着玫瑰红色，鲜艳美观；果肉白色，较硬，纤维中等，完熟后柔软多汁，风味浓甜，有香气，品质优；粘核；可溶性固形物含量13.1%。7月中旬成熟。

综合评价： 早熟、优质、大个、抗性强的油桃品种。自花结实率高，极丰产。

栽培技术要点：

（1）果实发育后期注意控水，不施氮肥，追施磷钾肥。

（2）注意须严格疏花疏果，合理负载，一般长果枝留3～4个果、中果枝留2个果、短果枝不留果或者2～3个短果枝留一个果。

（3）注意病虫害防治，生长季主要防治蚜虫、红蜘蛛、二斑叶螨等。

（4）果实采收后，重视夏剪工作，适量疏除过密过旺梢。

花枝形态

单花形态

果实外观形态（平视）

多果组合

果实外观形态（俯视）

果实横切面

果　核

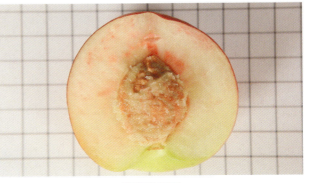

果实纵切面

红芙蓉

品种来源： 北京市农林科学院植物保护环境保护研究所用秋玉×秀峰杂交而成。

品种分布： 峪口镇、刘家店镇。

植物学性状： 树姿半开张，树势中庸。萌芽率高，成枝力强。一年生枝阳面褐色，背面绿色。叶片宽披针形，叶面平展，部分叶缘稍皱，叶基楔形，先端渐尖，叶缘锯齿圆钝，蜜腺肾形，多为2个。花蔷薇形，花瓣浅粉色，雌雄蕊等高，花粉多，萼筒内壁淡黄绿色。

果实性状： 果实长圆形，大果型，整齐，平均单果重228.0克，果顶圆，略呈浅唇状，梗洼深，广度中等，缝合线浅，两侧对称或较对称；果皮底色乳白，全面着明亮鲜红至玫瑰红色；果肉乳白色，有稀薄红色素，果肉硬溶质，细而较致密，风味浓甜，浓香至中等香；粘核；可溶性固形物含量13.7%。8月中下旬成熟。

综合评价： 全红型中晚熟白肉甜油桃，丰产性好，结实早，产量稳定，各类果枝均结果良好，初结果树以长、中果枝结果为主，副梢结实力强。花芽抗寒力很强。果实耐运性好，多年未见裂果。

栽培技术要点：

（1）宜选择排水良好，土层深厚，光照充足的地块建园。

（2）以土施有机肥为主，增施磷、钾肥。追肥最好使用果树专用肥，以提高果品质量。

（3）根据墒情灌水，保持土壤水分稳定，灌水重点季节在早春、花后，在果实膨大期切忌大水漫灌。

（4）须及时夏剪和精细疏果，以改进光照，增进油桃着色，增大果重，提高果品质量，并促使花芽分化良好。

（5）在喷农药、叶面肥、生长调节剂时，最好先行试验，以免果实发生果锈、裂果。

花枝形态

单花形态

果实外观形态（平视）

多果组合

果实外观形态（俯视）

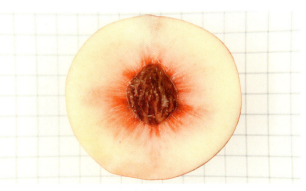

果实横切面

果　核

果实纵切面

金　硕

品种来源：平谷地方品种。

品种分布：夏各庄镇、大兴庄镇。

植物学性状：树势中庸健壮，树姿半开张。萌芽率高，成枝力中等，中短果枝结果能力强。叶片为长椭圆披针形，较大，长17.8厘米，宽5.1厘米，叶柄长0.7厘米，叶柄腺肾形，2～4个。花铃形，粉红色，花粉多，萼筒内壁橙黄色，雌蕊略高于雄蕊或等高，花药橙红色。

果实性状：果实近圆形，果形正，成熟状态一致，果实大，平均单果重206.0克；果顶圆平，梗洼浅，缝合线明显，两侧对称；果皮无茸毛，底色黄，果面80％以上着明亮鲜红色，十分美观，皮不能剥离；果肉橙黄色，硬溶质，汁液多，纤维中等，果实风味酸甜，有香味；粘核；可溶性固形物含量12.0％。8月上旬成熟。

综合评价：该品种属中熟油桃品种，较丰产。中、短果枝结果能力强，香气浓，汁液多，酸甜适口，抗性强，耐运输。

栽培技术要点：

（1）成花容易，在产量过高时，树势衰弱快，主枝角度应适当偏小，修剪时以长放修剪为主。延长头要多疏少截，勿大勿旺。以中、短果枝结果能力强，注意保留。

（2）开花早，遇重霜前做好防霜准备，辅助人工授粉可以提高坐果率。

（3）在雨水多时或干旱时急灌大水，容易出现裂果，注意土壤水分管理，设施栽培时利用其需冷量相对较少的特点，可以较早升温。

花枝形态

单花形态

果实外观形态（平视）

多果组合

果实外观形态（俯视）

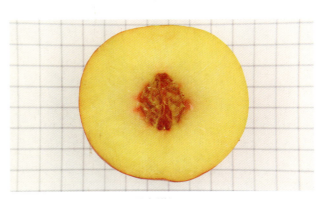

果实横切面

果　核

果实纵切面

瑞 光 18 号

品种来源：北京市农林科学院林业果树研究所用丽格兰特×81-25-16杂交而成。

品种分布：峪口镇、大华山镇、刘家店镇。

植物学性状：树姿半开张，树势中庸。萌芽率高，成枝力强。一年生枝阳面褐色，背面黄绿色。叶片绿色，长椭圆披针形，叶面平展或微波状，叶尖微向外卷，叶基楔形近直角，叶缘钝锯齿状，蜜腺肾形，有2～4个。花蔷薇形，花瓣粉色，花药橙红色，花粉多，萼筒内壁橙黄色。

果实性状：果实短椭圆形，平均单果重209.0克；果顶平，缝合线明显，两侧较对称；果面3/4至全面紫红晕，果面亮丽；果肉黄色，硬溶质，风味甜；不裂果；粘核；可溶性固形物含量13.5%。8月上中旬成熟。

综合评价：中熟、黄肉、浓红型甜油桃，丰产性强，无特殊敏感逆境伤害和病虫害。

栽培技术要点：

（1）加强早期肥水供应，秋季增施有机肥。

（2）合理留果，按叶果比50∶1，土壤贫瘠或肥水不足地区可适当提高比例。

（3）加强夏季修剪，改善通风透光条件，促进果实着色。

（4）成熟前严禁大水漫灌，易引起甜度下降，风味变淡。

（5）合理疏花疏果，留果过多时，果个变小，树势易衰。

（6）宜选择排水良好，土层深厚，光照充足的地块建园。

花枝形态

单花形态

果实外观形态（平视）

多果组合

果实外观形态（俯视）

果实横切面

果　核

果实纵切面

瑞 光 27 号

品种来源：北京市农林科学院林业果树研究所用京蜜×丽格兰特杂交而成。

品种分布：峪口镇、大华山镇、刘家店镇。

植物学性状：树姿半开张，树势中庸。萌芽率高，成枝力强。一年生枝阳面红褐色，背面绿色。叶披针形，叶面平展或微向内凹，叶尖微向外卷，叶基楔形，叶绿或深绿色，叶缘钝锯齿状，蜜腺肾形，多为2个。花蔷薇形，花瓣卵圆形，浅粉色，花药橙红色，花粉多，萼筒内壁绿黄色，雌蕊高于雄蕊。

果实性状：果实呈短椭圆形，平均单果重200.0克；果顶圆平，缝合线浅，梗洼深度和宽度中等；果皮底色为黄白色，果面近全面紫红色晕，果皮中等厚，不易剥离，不裂果；果肉黄白色，近核处同肉色、无红色素、硬溶质、肉质细、风味甜；果核浅褐色，椭圆形，粘核；可溶性固形物含量14.5%。8月上中旬成熟。

综合评价：中熟白肉浓红型甜油桃。该品种具有良好的适应性，丰产性强，树体和花芽抗寒力均较强，但抗细菌性黑斑病能力差，上市期正值油桃品种的空档期。

栽培技术要点：

（1）合理密植。根据既有利早期丰产，又方便后期管理的原则，三主枝自然开心形整枝可采用株行距4米×（5～6）米，Y形整枝株行距可选用3米×6米。

（2）加强施肥管理。果实成熟前20～30天应增加速效钾肥的施用，促进果实全面着色。

（3）加强果实管理。该品种坐果率较高，应合理留果，有利果个增大和品质提高，提高商品率。产量每亩控制在2 000千克左右为宜。

（4）加强夏季修剪。采收前1个月，应改善通风透光条件，促进果实着色。

花枝形态

单花形态

果实外观形态（平视）

多果组合

果实外观形态（俯视）

果实横切面

果　核

果实纵切面

瑞光 39 号

品种来源：北京市农林科学院林业果树研究所用华玉 × 顶香杂交而成。

品种分布：大华山镇、刘家店镇等。

植物学性状：树姿半开张，树势中庸。萌芽率高，成枝力强。一年生枝阳面红褐色，背面绿色。叶长椭圆披针形，叶片长 16.98 厘米、宽 4.41 厘米，叶柄长 1.08 厘米，叶面微向内凹、波状，叶尖渐尖、微向外卷，叶基楔形近直角；叶片绿色，叶缘钝锯齿状，蜜腺肾形，3 ~ 4 个。花芽形成较好，复花芽多，花芽起始节位低，为 1 ~ 2 节。花蔷薇形，粉红色，花药橙红色，有花粉，萼筒内壁绿黄色，雌蕊高于雄蕊。

果实性状：果实近圆形，平均单果重 202.0 克，最大果重 284.0 克；果顶圆，略带微尖，缝合线浅，梗洼深度和宽度中等；果皮底色为黄白色，果面 3/4 或近全面着玫瑰红或紫红色晕，果皮厚度中等，不能剥离；果肉黄白色，皮下和近核处红色素少，硬溶质，汁液多，风味浓甜；粘核；可溶性固形物含量 13%。8 月下旬成熟。

综合评价：硬度较高，丰产，栽培适应性强，具有很好的发展前景。树体和花芽抗寒力较强，但抗细菌性穿孔病能力差。

栽培技术要点：

（1）树形采用三主枝自然开心形，株行距 4 米 × 5 米或 4 米 × 6 米定植，二主枝 Y 形可选用 3 米 × 5 米栽植。

（2）前期追肥以氮肥为主，磷、钾肥配合施用，促进枝、叶生长，采收前 20 ~ 30 天的果实迅速膨大期加强速效钾肥的施用。

（3）合理负载，亩产量控制在 2 000 千克左右。

（4）加强采收前 1 个月夏季修剪，改善通风透光条件，促进果实着色。

（5）树体生长前期注意加强对蚜虫、红蜘蛛、卷叶虫的防控，后期特别注意梨小食心虫和褐腐病等主要病虫害的防控。

花枝形态

单花形态

果实外观形态（平视）

多果组合

果实外观形态（俯视）

果实横切面

果　核

果实纵切面

瑞 光 45 号

品种来源： 母本为华玉，父本为美国油桃品种顶香。

品种分布： 大华山镇、刘家店镇。

植物学性状： 树姿半开张，树势中庸，树冠较大。萌芽率高，成枝力强。一年生枝阳面红褐色，背面绿色，各类果枝均能结果，幼树以长、中果枝结果为主。叶长椭圆披针形，叶片微向内凹、波状，叶尖渐尖、微向外卷，叶基楔形近直角，叶片绿色，叶缘钝锯齿状，蜜腺肾形，2 ~ 4个。花蔷薇形，粉红色，花粉多。

果实性状： 果实近圆形，梗洼深度和宽度中等，平均单果重188.0克；果顶圆，稍凹入，缝合线浅；果皮底色为淡绿至黄白色，果面着玫瑰红或紫红色晕；果皮厚度中等，不能剥离；果肉黄白色，皮下红色少，近核处有少量红色，硬溶质，汁液多，风味甜；离核；可溶性固形物含量13.3%。8月中下旬成熟。

综合评价： 中熟品种，果实较大，果形圆整，果面近全红，外观美，风味浓甜，硬度较高，商品性好。

栽培技术要点：

（1）加强肥水管理。秋后施用有机肥，果实成熟前20 ~ 30天应增加速效钾肥的施用，以增大果个，促进果实全面着色，增加含糖量，提高品质。

（2）加强果实管理。该品种坐果率较高，应合理留果，有利果个增大和品质提高，提高商品率。通常每个长果枝留果量3个左右，中果枝2个，短果枝1个，花束状果枝可不留。亩产量控制在2 000千克左右为宜。

（3）加强夏季修剪。控制徒长枝，改善通风透光条件，促进果实着色。

（4）重视蚜虫、红蜘蛛、卷叶虫、梨小食心虫和褐腐病等主要病虫害的防控。

花枝形态

单花形态

果实外观形态（平视）

多果组合

果实外观形态（俯视）

果实横切面

果　核

果实纵切面

意大利5号

品种来源： 1987年从意大利引入。

品种分布： 大华山镇、峪口镇。

植物学性状： 树姿半开张，树势中庸。萌芽率高，成枝力强。叶片宽披针形，叶面平展，部分叶缘稍皱。叶基楔形，先端渐尖，叶缘锯齿圆钝，蜜腺肾形，1～2个，多为2个。花蔷薇形，花瓣浅粉色，雌雄蕊等高，花粉多，萼筒内壁淡黄绿色。

果实性状： 果实椭圆形，果个中等大，平均单果重211.0克；果顶尖圆，梗洼中等，缝合线浅，两侧稍不对称；果皮1/2至全面具红色晕，色泽艳丽，不易剥离；果肉黄色，肉质细韧，近核处有少量红色，汁液中等，纤维细，风味酸多甜少；离核；可溶性固形物含量12.9%。8月下旬成熟。

综合评价： 外观美、丰产、耐贮运，是优良的中熟油桃品种，果实上色早，成熟后不易落果，可适当延长采收期。

栽培技术要点：

（1）选择排水良好、土层深厚、阳光充足的地块建园，露地栽植株行距以3米×5米、4米×6米为宜。

（2）增施有机肥，配合磷钾肥，追肥需氮、磷、钾配合，最好于落花后即追施果树专用肥，以提高果品质量。

（3）及时夏剪，以改善光照，促进果实着色，使果面着色均匀。

（4）注意疏果，提高果实品质。

（5）注意防治蚜虫、卷叶虫、红蜘蛛、桃蛀螟等害虫。

花枝形态

单花形态

果实外观形态（平视）

多果组合

果实外观形态（俯视）

果实横切面

果　核

果实纵切面

油 14 号

品种来源：平谷区果品办公室选育的京玉芽变品种。

品种分布：刘家店镇、峪口镇。

植物学性状：树姿半直立，树势健壮，树体半矮化。萌芽率中等，成枝力强，新梢前期生长慢。叶片宽披针形，叶面平展，部分叶缘稍皱。叶基楔形，先端渐尖，叶缘锯齿圆钝，蜜腺肾形，2～3个，多为2个。花蔷薇形，花粉多。

果实性状：果实近圆形，成熟较一致，平均单果重177.0克；果顶圆，缝合线浅，两侧较对称；果实底色绿白，90％以上果面着鲜红色，艳丽美观；果肉乳白色，硬溶质，肉质细脆，风味甜；离核；可溶性固形物含量13.8％。8月上旬成熟。

综合评价：外观美，丰产，耐贮运，抗性强，是优良的中熟油桃品种，果实上色早，成熟后不易落果，可适当延长采收期。

栽培技术要点：

（1）树形选用三主枝自然开心形，株行距可采用5米×6米，如果树形选用Y形，株行距可选用3米×6米。

（2）9～10月施足有机肥，以促进来年丰产稳产。果实发育中后期喷施2～3次磷钾肥或氨基酸，以增进果实品质。

（3）新梢前期生长慢，后期生长快，可于7月中旬左右适当控冠，增加光合积累，促进花芽形成。

（4）冬季修剪以疏除过密、过细枝为主。

（5）亩产量控制在2 500千克左右为宜，肥水条件好的果园可适当增加产量。

花枝形态

单花形态

果实外观形态（平视）

多果组合

果实外观形态（俯视）

果实横切面

果　核

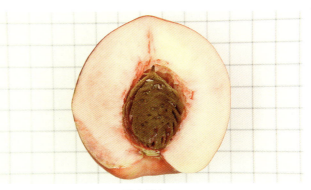

果实纵切面

中油 8 号

品种来源：中国农业科学院郑州果树研究所杂交培育。

品种分布：大华山镇、峪口镇、刘家店镇。

植物学性状：树势健壮，树姿直立。萌芽率高，成枝力强。一年生枝阳面褐色，背面绿色。叶片宽披针形，叶面平展，部分叶缘稍皱，叶基楔形，先端渐尖，叶缘锯齿圆钝，蜜腺肾形，2～3个。花铃形，花粉多。

果实性状：果实近圆形，平均单果重261.0克；果顶圆，缝合线浅，两侧较对称；果皮底绿白，90%以上果面着鲜红色，艳丽美观；果肉黄色，成熟时80%以上果面着浓红色；硬溶质，肉质细脆，风味甜，可溶性固形物含量13.9%；粘核。8月下旬成熟。

综合评价：晚熟油桃新品种，自花结实高，丰产性强，抗性强，商品价值高。

栽培技术要点：

（1）合理确定种植密度。山区、丘陵或较瘠薄的土地可采用3米×4米的株行距，按自然开心形整枝；肥沃良田可适当稀植，采用4米×（5～6）米或3米×6米的株行距，分别按Y形和开心形整枝。

（2）合理疏花疏果，亩产量控制在2 500千克左右为宜，肥水条件好的果园可适当增加产量。

（3）及时防治病虫害，早期防治蚜虫、红蜘蛛等，果实发育后期要注意防治梨小食心虫、桃蛀螟等果实害虫。

花枝形态

单花形态

果实外观形态（平视）

多果组合

果实外观形态（俯视）

果实横切面

果　核

果实纵切面

万 寿 红

品种来源：北京市农林科学院农业综合发展研究所用81-4-10×理想杂交育成。

品种分布：大华山镇、刘家店镇。

植物学性状：树势旺盛，树体健壮，树姿半开张。萌芽率高，成枝力强。一年生枝条红褐色，节间较短，当年生枝条可抽生三次枝，树冠成形快。叶片中大，浓绿色，披针形。花铃形，花瓣粉红色，多复花芽，花粉多。

果实性状：果实长圆形，整齐度好，平均单果重209.0克；果顶平，略有微凸，缝合线浅，两侧较对称；果皮黄绿色，不易剥离，果面全面着玫瑰红色；果肉黄色硬溶质，果汁较多，风味浓甜，有微香，可溶性固形物含量11.2%；粘核。9月上旬成熟。

综合评价：万寿红是表现优良的极晚熟油桃品种，具有果个大、风味甜、硬度较高、贮运性好、商品价值高等突出优点，可以作为更新换代品种在适宜栽种区发展。

栽培技术要点：

（1）采用Y形整枝，主枝角度控制在60°～80°为宜。对定植当年的幼树，枝条长到40厘米时进行摘心，当新发侧枝长到30厘米时再次进行摘心，以迅速扩大树冠，增加枝叶量。

（2）主枝上培养小枝组和结果枝，每隔20厘米左右留一个结果枝。

（3）冬季修剪时结果枝缓放，结果后结果枝下垂。对保留下来的枝和枝组进行调整，使其分布均匀。

（4）及时夏剪。萌芽期及时抹去过密芽和背上芽，以减少营养消耗。当新梢长到40厘米时，根据需要及时摘心，不断疏除内膛直立枝、徒长枝、过密枝、竞争枝，控制临时枝，抑前促后，防止徒长。

花枝形态

单花形态

果实外观形态（平视）

多果组合

果实外观形态（俯视）

果实横切面

果　核

果实纵切面

胡店白油桃

品种来源：平谷地方品种。

品种分布：刘家店镇。

植物学性状：树势强，树姿半开张。萌芽率高，成枝力中等。各类果枝均能结果，多复花芽。一年生枝向阳面微红，皮孔中密。叶片长披针形，叶顶尖，叶缘无锯齿，中脉较明显。花蔷薇形有花粉，花量中等。

果实性状：果实近圆形，平均单果重295.0克；果顶平略突出，缝合线浅，两侧较对称；果面着微红色霞红；果肉呈白色，风味甜；可溶性固形物含量12.7%；粘核。果实成熟期在9月底。

综合评价：丰产性好。

栽培技术要点：

（1）加强土肥水管理，实施树盘覆盖等措施，用以保水、增加土壤有机质及通透能力；采前一个月适当施磷、钾肥，以促进果实生长和提高品质；采前注意控水，以减少落果。

（2）加强整形修剪。树形可采用三主枝自然开心形或Y形，整形定干高60厘米，选留2～3个主枝，夏剪时以疏旺、疏密为主，采用摘心、扭梢、缓放等多种措施控制旺长，培养枝组。

（3）注意疏花疏果，合理负载。疏果时，一般长果枝留果3～4个，中果枝留2～3个，短果枝留1～2个。

（4）注意防治炭疽病、细菌性穿孔病、流胶病、缩叶病、褐腐病等病害，及桃蚜、红蜘蛛、桃小食心虫、梨小食心虫、潜叶蛾等虫害。

花枝形态

单花形态

果实外观形态（平视）

多果组合

果实外观形态（俯视）

果实横切面

果　核

果实纵切面

三、蟠桃系列

红 蟠

品种来源：青岛农业大学园艺学院早露蟠桃芽变。

品种分布：刘家店镇、峪口镇、大华山镇。

植物学性状：树势中庸，树姿较开张。萌芽率高，成枝力强。一年生枝条褐色，节间中长，结果后易下垂。叶色绿，叶片长椭圆披针形，叶基楔形，叶缘钝锯齿状。花蔷薇形，花芽起始节位低，多复花芽，有花粉。

果实性状：果实扁圆形，平均单果重145.0克，最大果重250.0克；果顶部平凹，80%以上果面着粉红至鲜红色，外观美；果肉白色，肉厚，不裂果，成熟后肉质细、脆，有香气，味甜；核小，粘核；可溶性固形物含量14.0%。6月下旬成熟。

综合评价：肉质细、脆，有香气，风味甜，品质优良，耐贮运。

栽培技术要点：

（1）果实发育中后期要注意土壤湿度的均衡，防止忽干忽湿。采前控氮肥、控水，以保证果实优质。

（2）园地应选择排水良好的地块，多施有机肥。露地栽植株行距（3～4）米×5米，设施栽培1米×2米。

（3）幼旺树应加强夏剪，生长季中后期要注意控制营养生长，促进花芽形成。坐果后注意疏果。

花枝形态

单花形态

多果状

多果组合

果实外观形态（俯视）

果实横切面

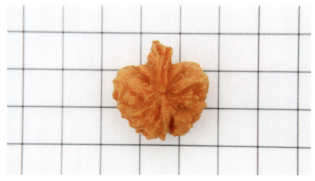

果　核

果实纵切面

早露蟠桃

品种来源： 北京市农林科学院林业果树研究所用撒花红 × 早香玉杂交育成。

品种分布： 刘家店镇、峪口镇、大华山镇、王辛庄镇、山东庄镇等。

植物学性状： 树势旺，树姿直立。萌芽率高，成枝力强。一年生枝上部阳面暗红色，多年生枝灰褐色，节间长2.5厘米左右。叶片倒披针形，叶色浓绿，平均长14.0厘米、宽4.4厘米，叶面平整，叶缘钝锯齿状。花蔷薇形，花粉量大，花色为浅粉红色。

果实性状： 果实扁平形，平均单果重120.0克，最大单果重237.0克；果顶凹入，果皮底色乳黄，果面着鲜艳红晕，茸毛中等，皮易剥离；果肉乳白色，近核处微红，硬溶质，微香，风味甜，可溶性固形物含量12.4%；粘核，核小。6月中旬成熟。

综合评价： 该品种成熟早，适应性广，抗性强，品质一般，遇特殊年份，特殊气候易裂果，建议保护地栽培为宜。

栽培技术要点：

（1）需要合理浇水，花期不浇水，防落花。

（2）温室栽培控制温度和湿度，花期温度控制在15～20℃，湿度小于60%。

（3）夏剪为主，冬剪为辅，冬夏结合，周年修剪，达到成形快、结果早的目的。

（4）因该品种易裂果，疏果时适当多留，以免造成严重裂果。

花枝形态

单花形态

多果状

多果组合

果实外观形态（俯视）

果实横切面

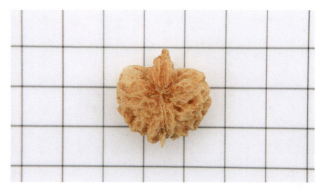

果　核

果实纵切面

黄蟠

品种来源：中国农业科学院郑州果树研究所用8-21蟠桃×法国蟠桃杂交育成。

品种分布：刘家店镇、峪口镇、大华山镇。

植物学性状：树势健壮，树姿半开张。萌芽率高，成枝力强。一年生枝阳面红褐色，背面绿色。叶腺肾形，叶面平展，叶色绿至深绿，叶缘钝锯齿状。花蔷薇形，花粉多。

果实性状：果形扁平，平均单果重169.0克。果顶凹入，两侧较对称，缝合线较深；果皮黄色，果面70％着玫瑰红晕和细点，外观美，果皮可以剥离；果肉橙黄色，软溶质，汁液多，纤维中等，风味甜，香气浓郁，半离核；可溶性固形物含量12.4％。7月上旬成熟。

综合评价：自然授粉坐果率高，丰产；外形美观，汁多味甜；其成熟期属于早熟和中熟品种之间的销售空档期，价格高，可适度发展。

栽培技术要点：

（1）树势旺盛，修剪以缓和树势手法为主。应注意疏花疏果。

（2）幼树修剪时，要及时疏除各主枝上部竞争枝和中下部背上枝，控制内膛徒长枝。

（3）主要病虫害有蚜虫、桃小食心虫、红蜘蛛及缺铁症等，要及时预防。

（4）建议适度疏花疏果，避免裂果现象发生。

花枝形态

单花形态

多果状

多果组合

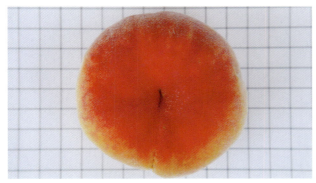

果实外观形态（俯视）

果实横切面

果　核

果实纵切面

瑞蟠2号

品种来源：由晚熟大蟠桃 × 扬州124杂交育成。

品种分布：刘家店镇、峪口镇、大华山镇、镇罗营镇。

植物学性状：树势中庸，树姿半开张。萌芽率高，成枝力强。一年生枝阳面暗红色，背面绿色，斜生。叶披针形，绿色或深绿色，叶面平展或微有皱缩，叶基楔形，叶尖渐尖，叶缘钝锯齿状，蜜腺肾形。花蔷薇形，花瓣卵圆形，粉红色，花药橙红色，花粉多，雌蕊与雄蕊等高或略低。

果实性状：果实扁平形，平均单果重156.0克，最大果重220.0克；果顶凹入，缝合线浅，果皮黄白色，果面1/3 ～ 1/2着玫瑰红晕，果皮不易剥离；果肉黄白色，肉质为硬溶质，完熟后柔软多汁；可溶性固形物含量12.9%；粘核。7月中下旬成熟。

综合评价：结果早，坐果率高，丰产性强，耐运输，是优良早熟蟠桃品种。

栽培技术要点：

（1）按早熟品种管理方法进行栽培管理，注意平衡施肥，氮肥施入量不宜过多。

（2）果实成熟前1个月内光照不足会影响上色，可解袋后铺反光膜增加着色。

（3）及时疏果，合理留果，疏果时尽量不留朝上果，同时注意适时采收。

（4）加强肥水管理，防治病虫害，树势弱可造成果实裂顶增多，果实变小，风味和品质下降，应保持树势健壮。

花枝形态

单花形态

多果状

多果组合

果实外观形态（俯视）

果实横切面

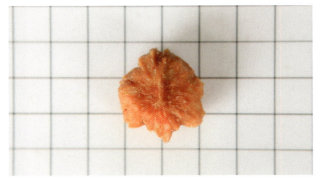

果　核

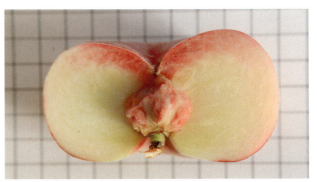

果实纵切面

瑞蟠 3 号

品种来源： 北京市农林科学院林业果树研究所用大久保×陈圃蟠桃杂交而成。

品种分布： 刘家店镇、峪口镇、大华山镇、镇罗营镇。

植物学性状： 树势中庸，树姿半开张。萌芽率高，成枝力强。一年生枝阳面红褐色，背面绿色。叶披针形，叶面平展或微有皱缩，叶尖微向外卷，叶基楔形，叶绿或深绿色，叶缘钝锯齿状，蜜腺肾形，2～4个。花蔷薇形，花瓣卵圆形，浅粉色，花药橙红色，花粉多，萼筒内壁绿黄色，雌蕊低于雄蕊。

果实性状： 果实扁平，圆正，平均单果重220.0克，最大果重276.0克；果顶凹入，缝合线浅；果皮底色黄白，易剥离，茸毛中多，果面1/2以上着玫瑰红晕；果肉黄白色，硬溶质，果肉脆，成熟后不易变软，风味甜，可溶性固形物含量11.4%；粘核。7月底或8月初成熟。

综合评价： 中熟、白肉蟠桃，丰产性强，耐贮运，抗性强，裂果少。

栽培技术要点：

（1）春季加强肥水，促进坐果。

（2）合理留果，疏果时不留朝天果。

（3）采收前1个月保证灌水充足并适当增施速效氮、钾肥，以利果实增大和品质提高。

（4）加强肥水和夏季修剪，维持健壮树势，避免树势弱造成果实裂顶。套袋处理可使果实变得更鲜艳。

花枝形态

单花形态

多果状

多果组合

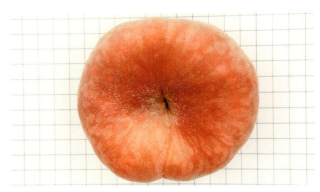

果实外观形态（俯视）

果实横切面

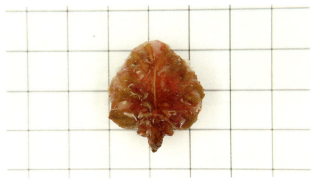

果　核

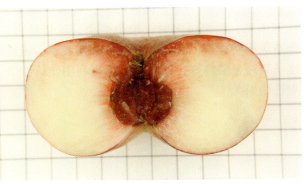

果实纵切面

瑞蟠 14 号

品种来源：北京市农林科学院林业果树研究所用幻想×瑞蟠2号杂交育成。

品种分布：刘家店镇、峪口镇、大华山镇。

植物学性状：树势中庸，树姿半开张。萌芽率高，成枝力强。一年生枝阳面红褐色，背面绿色。叶长椭圆披针形，叶面微向内凹，叶尖微向外卷，叶基楔形，绿色，叶缘钝锯齿状，蜜腺肾形。花蔷薇形，粉红色，花粉多。

果实性状：果实扁平形，果形整齐，果个均匀，果实中等，平均单果重139.0克；果顶凹入，不裂；缝合线浅，梗洼浅而广；果皮底色为黄白色，果面近全面着紫红色，茸毛中等，果皮中等厚，难剥离；果肉黄白色，皮下少红，肉质为硬溶质，汁液多，纤维少，风味甜，有淡香，可溶性固形物含量13.4%；核较小，粘核。7月上中旬果实成熟。

综合评价：果肉脆，风味浓，色泽好，自然坐果率高，丰产性强，综合性状优，是一个优良的早熟蟠桃品种。

栽培技术要点：

（1）常用Y形树形，株行距可选用3米×6米。

（2）加强肥水管理，维持健壮树势，避免树势弱造成果实裂顶。

（3）秋施基肥应适量加施氮、磷、钾化肥，可增加树体营养，提高翌年坐果率。

（4）该品种成熟早，应注意加强夏季修剪，尤其是采收以后，及时控制背上直立旺枝，改善通风透光条件，促进花芽分化。

（5）该品种为早熟蟠桃品种，应及时疏果，合理留果，留果过多时，果个变小，树势易衰，会造成果实裂顶。疏果时尽量不留朝天果。徒长性结果枝坐果良好，幼树期可适当利用徒长性结果枝结果。

（6）注意适时采收。

花枝形态

单花形态

双果状

多果组合

果实外观形态（俯视）

果实横切面

果　核

果实纵切面

中油蟠5号

品种来源： 中国农业科学院郑州果树研究所最新培育的大果甜油蟠桃。

品种分布： 刘家店镇。

植物学性状： 树势健壮，树姿半开张，以中、短果枝结果为主。萌芽率高，成枝力强。一年生枝绿色，阳面暗红。叶为披针形，基部圆楔形，叶尖渐尖而斜，叶面平展，叶缘锯齿圆钝，蜜腺4个，肾形。花为铃形大花，粉红色，雌雄蕊等高，花粉多。

果实性状： 果实扁平，圆整，平均单果重170.0克；果顶凹入，缝合线中深，果面茸毛较多；果皮底色淡绿，完熟时黄色，阳面着鲜红色，可剥离；果肉淡绿至黄白色，硬溶质，果汁多，风味甜，可溶性固形物含量16.4%；粘核。7月上旬成熟。

综合评价： 该品种主要特点为早熟、肉硬、肉厚、味甜，丰产性强，适应性强。

栽培技术要点：

（1）应选择交通便利、排水容易、向阳通风、土壤疏松的平地，坡度在15°以下的低山缓坡地建园。

（2）加强土肥水管理。注重施用有机肥，采收前禁止大水漫灌。

（3）注意合理修剪，夏剪以摘心和疏除旺梢为主。冬剪注重树形培养。

（4）注意防治细菌性穿孔病、褐腐病、炭疽病、蚜虫和桃潜叶蛾等病虫害。

单果状

多果状

多果状

多果组合

果实外观形态（俯视）

果实横切面

果核

果实纵切面

白 蟠

品种来源：平谷地方品种。

品种分布：刘家店镇、大华山镇。

植物学性状：树姿半开张，树势中庸。萌芽率高，成枝力中等。一年生枝条绿色，皮孔少。叶片长披针形，叶片长13.5厘米，宽5.2厘米，叶尖尖锐，叶基钝尖，背面叶中脉明显，较平整蜜腺肾形。花蔷薇形，花瓣粉白色，单瓣花，花量大，花粉中等。

果实性状：果实扁圆形，果个中大，平均单果重213.0克；果顶凹陷，缝合线中深；果皮绿白色，果面不均匀红霞；果肉绿白色，近核处呈放射状明显的红条纹，完熟时果实柔软多汁；可溶性固形物含量13.7%；粘核。8月上中旬成熟。

综合评价：丰产，抗性强，风味香甜，品质优良，商品价值高。

栽培技术要点：

（1）注意树体通风透光，加强花前花后的土壤管理和施肥，雨季注意控水。

（2）加强疏花疏果，合理确定负载量。

（3）冬季修剪时，注意开张主枝的角度。

（4）夏秋季管理时，注意疏除郁闭和直立旺长的新梢。

（5）果实成熟前，严禁大水漫灌，降低风味品质。

（6）及时防治病虫害。

花枝形态

单花形态

多果状

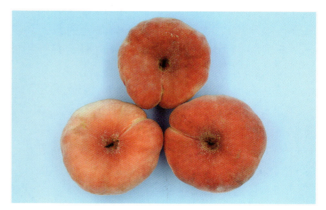

多果组合

果实外观形态（俯视）

果实横切面

果　核

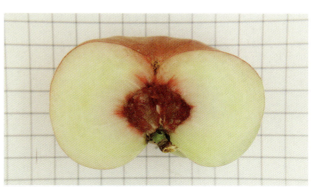

果实纵切面

金 秋 蟠

品种来源： 北京市农林科学院农业综合发展研究所以89-15-7作母本、蟠桃品种Saturn作父本杂交而成。

品种分布： 大华山镇。

植物学性状： 树姿半开张，树势强。萌芽率高，成枝力强。一年生枝阳面紫红色，背面绿色至浅褐色。叶片宽披针形，部分叶片近长椭圆披针形，绿色至黄绿色。叶片长13.5厘米、宽4.5厘米，先端渐尖，基部楔形，叶面较平展，叶缘略呈波状，钝锯齿状，蜜腺肾形，多2～4个着生于叶柄，另有1～2个着生于叶基，主脉浅黄色。花蔷薇形，粉色，雌蕊低于雄蕊，花药黄色，有花粉。

果实性状： 果实扁平形，鲜红色，平均单果重172.0克；果顶凹陷，缝合线浅，果面茸毛稀疏，果顶平，中心微凹，套袋果基本无裂顶；果肉黄色，硬溶质，口感较细腻；可溶性固形物含量14.3%；微香，风味甜，鲜食品质优良；核小，离核，无裂核。8月中旬成熟。

综合评价： 蟠桃黄肉中晚熟新品种，色泽艳丽，无裂核，丰产性强。

栽培技术要点：

（1）选择排水良好、土层深厚、阳光充足的地块建园，栽植株行距以（3～4）米×6米为宜。

（2）增施有机肥，配合磷钾肥，追肥需氮、磷、钾配合，最好于落花后即追施果树专用肥，以提高果品质量。

（3）及时夏剪，以改善光照，促使果实着色。

（4）注意疏果，提高果实品质。

（5）注意防治蚜虫、卷叶虫、红蜘蛛、桃蛀螟等害虫。

花枝形态

单花形态

双果状

多果组合

果实外观形态（俯视）

果实横切面

果　核

果实纵切面

瑞蟠4号

品种来源：北京市农林科学院林业果树研究所用晚熟大蟠桃×扬州124杂交育成。

品种分布：峪口镇、大华山镇、刘家店镇。

植物学性状：树势中庸，树姿半开张。萌芽率高，成枝力强。一年生枝暗红色，斜生。各类果枝均能结果，但以长、中果枝结果为主。叶披针形，叶面平展或微皱，叶基楔形，叶尖渐尖，叶片绿色或深绿色，叶缘钝锯齿状，蜜腺肾形，2～4个。花芽形成较好，复花芽多，花芽起始节低，为1～2节。花为蔷薇形，花瓣浅粉色，花粉多，雌蕊与雄蕊等高或略低于雄蕊。

果实性状：果实扁平，圆整，平均单果重248.0克；果顶凹入，缝合线中深；果皮底色淡绿，完熟时黄白色，可剥离，果面茸毛较多，1/2以上着暗红色细点或晕；果肉淡绿至黄白色，硬溶质，可溶性固形物含量13.7%；果汁多，风味甜；粘核。8月下旬成熟。

综合评价：丰产性强。果面后期颜色发暗，无特殊敏感性逆境伤害和病虫害，耐运输。

栽培技术要点：

（1）春季应加强肥水，促进坐果。

（2）合理留果，疏果时不留朝天果。果实膨大期宜适当灌水。

（3）采收前1个月保证灌水充足并适当增施速效氮肥和钾肥，以利果实增大和品质提高。

（4）树势弱时会造成果实裂顶增多，应加强肥水和夏季修剪，维持健壮树势。

花枝形态

单花形态

双果状

多果组合

果实外观形态（俯视）

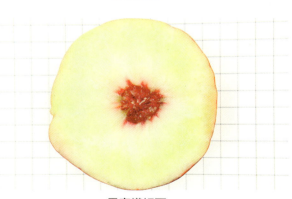

果实横切面

果　核

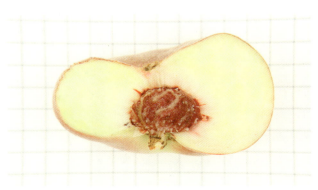

果实纵切面

瑞蟠 5 号

品种来源：北京市农林科学院林业果树研究所用晚熟大蟠桃×油蟠桃晚熟杂交育成。

品种分布：刘家店镇。

植物学性状：树势中庸，树冠较大，树姿较开张。萌芽率高，成枝力强。一年生枝阳面红褐色，背面绿色。各类果枝均能结果，以长、中果枝结果为主。叶长椭圆披针形，叶面微向内凹，叶尖微向外卷，叶基楔形，绿色，叶缘钝锯齿状，蜜腺肾形，为2～4个。花芽形成较好，复花芽多，花芽起始节位为1～2节。花蔷薇形，粉红色，花粉多，萼筒内壁黄绿色，雌蕊低于雄蕊。

果实性状：果实扁平形，果形整齐，果个均匀较大，平均单果重199.0克；果顶凹入，缝合线浅，梗洼浅而广；果面有纵皱，果皮底色为黄白色，果面1/2以上着红色晕，茸毛中等，果皮中等厚，易剥离；果肉白色，皮下少红，近核处同肉色，肉质为硬溶质，韧而致密，汁液多，可溶性固形物含量12.9%；纤维少，风味甜，有香气；粘核。8月上旬成熟。

综合评价：中熟白肉蟠桃品种，抗逆性强，性状表现稳定，坐果率高，丰产，抗性强。

栽培技术要点：

（1）三主枝自然开心形整枝可采用株行距4米×6米进行定植，Y形整枝采用3米×6米的株行距。

（2）秋施基肥，一年中前期追肥以氮肥为主，磷、钾肥配合使用，促进枝叶生长，后期追肥以钾肥为主，配合磷肥，以增大果个，增加着色，增加含糖量，提高品质。

（3）该品种树体较开张，背上易生直立旺枝，采收后应注意加强夏季修剪，及时控制背上直立旺枝，改善通风透光条件，促进花芽分化。

（4）及时疏果，合理留果。留果过多时，果个变小，树势易衰，造成果实裂顶增多。疏果时尽量不留朝天果。徒长性结果枝坐果良好，幼树期可适当利用徒长性结果枝结果。

（5）适时采收。

花枝形态

单花形态

多果状

多果组合

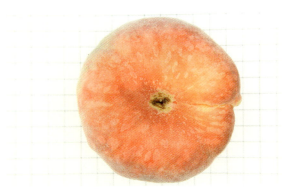

果实外观形态（俯视）

果实横切面

果　核

果实纵切面

瑞蟠16号

品种来源： 北京市农林科学院林业果树研究所用幻想 × 瑞蟠2号杂交育成。

品种分布： 峪口镇、大华山镇、刘家店镇。

植物学性状： 树势中庸，树冠较大，树姿半开张。萌芽率高，成枝力强。一年生枝阳面红褐色，背面绿色。各类果枝均能结果，以长、中果枝结果为主，自然坐果率高，丰产。叶片绿色长椭圆披针形，叶面微向内凹，叶尖微向外卷，叶基楔形，叶缘钝锯齿状，蜜腺肾形，多为2～3个。花芽形成较好，复花芽多，花芽起始节位为1～2节。花蔷薇形，粉红色，花粉多，萼筒内壁绿黄色，雌蕊与雄蕊等高。

果实性状： 果实扁平形，果形圆整，果个均匀，平均单果重204.0克；果顶凹入，不裂或个别轻微裂，缝合线浅，梗洼浅而广；果皮底色为黄白色，果面近全面着玫瑰红色晕，茸毛中等，果皮中等厚，易剥离；果肉黄白色，皮下少红，近核处无红色，肉质为硬溶质，汁液多，纤维少，可溶性固形物含量15.4%；粘核。8月上旬成熟。

综合评价： 中熟白肉蟠桃品种，丰产性强，耐运输，抗性强，商品价值高。

栽培技术要点：

（1）三主枝自然开心形整枝可采用株行距4米×6米进行定植，Y形整枝采用3米×6米的株行距栽植。

（2）秋施基肥，一年中前期追肥以氮肥为主，磷、钾肥配合使用，促进枝叶生长；后期追肥以钾肥为主，配合磷肥，以增大果个，增加着色，增加含糖量，提高品质。

（3）该品种树体较开张，背上易生直立旺枝，采收后应注意加强夏季修剪，及时控制背上直立旺枝，改善通风透光条件，促进花芽分化。

（4）及时疏果，合理留果。留果过多时，果个变小，树势易衰，造成果实裂顶增多。疏果时尽量不留朝天果。徒长性结果枝坐果良好，幼树期可适当利用徒长性结果枝结果。

（5）适时采收。

（6）注意及时防治病虫害。

花枝形态

单花形态

单果状

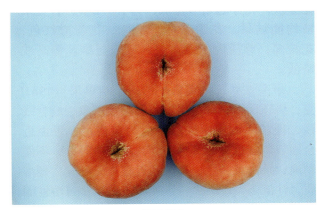

多果组合

果实外观形态（俯视）

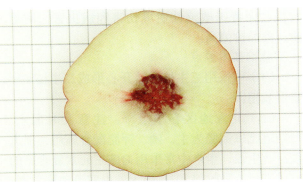

果实横切面

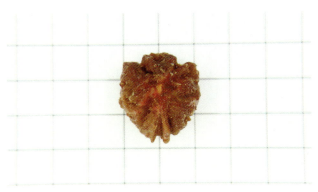

果　核

果实纵切面

瑞蟠 24 号

品种来源： 北京市农林科学院林业果树研究所从瑞蟠 10 号自然实生后代中选出。

品种分布： 峪口镇、大华山镇、刘家店镇。

植物学性状： 树势中庸，树姿半开张。萌芽率高，成枝力强。一年生枝阳面红褐色，背面绿色，各类果枝均能结果，幼树以长、中果枝结果为主。叶长椭圆披针形，叶片长 17.4 厘米，宽 4.0 厘米，叶柄长 0.7 厘米，蜜腺肾形，1～3 个。花蔷薇形，粉红色，花药橙红色，有花粉，复花芽多，花芽起始节位低，为 1～2 节。

果实性状： 果实扁圆形，平均单果重 237.0 克；果顶凹入，缝合线中，梗洼浅而广；果皮底色为黄白色，果面 3/4 以上着玫瑰红色晕，颜色鲜艳，茸毛中等，果皮中等厚，不易剥离；果肉黄白色，皮下有少量红色，近核处红色，肉质为硬溶质，汁液多，风味甜；粘核；可溶性固形物含量 14.7%。8 月中旬成熟。

综合评价： 风味适口，抗性好，丰产，品质优良，商品价值高。

栽培技术要点：

（1）三主枝自然开心形可采用株行距 4 米×（5～6）米进行定植，二主枝开心形可选用 3 米×6 米。

（2）秋后施用有机肥，硬核期追施速效肥，果实成熟前 20～30 天应增加速效钾肥的施用，以增大果个，促进果实着色，增加含糖量。

（3）春季干旱地区，注意及时灌水，保证前期正常生长发育；夏季雨水大时注意排涝。

（4）亩产量控制在 2 000 千克左右为宜，肥水条件好的果园可适当增加产量。

（5）夏季应及时控制徒长枝，改善通风透光条件，促进果实着色，促进花芽分化，果实采收前 10 天疏除密枝促进果实着色。

（6）重视蚜虫、红蜘蛛、卷叶虫、梨小食心虫和褐腐病等主要病虫害的防控。

花枝形态

单花形态

双果状

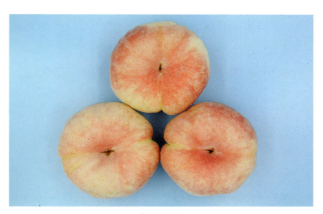

多果组合

果实外观形态（俯视）

果实横切面

果　核

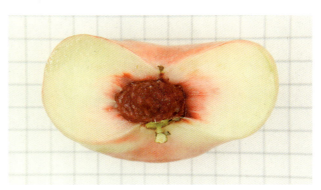

果实纵切面

瑞油蟠2号

品种来源： 北京市农林科学院林业果树研究所选育。

品种分布： 大华山镇、金海湖镇。

植物学性状： 树姿半开张，树势中庸。萌芽率高，成枝力强，一年生枝条绿色微红，皮孔小而密。叶片长披针形，叶尖锐长，中脉不明显，叶缘钝锯齿状。花蔷薇形，花瓣粉白色至粉红色，单瓣，部分有重叠，花瓣圆形，花量极大，花粉多。

果实性状： 果实扁圆形，平均单果重135.0克；果顶凹入，缝合线中，梗洼浅而广；果皮底色为黄白色，果面3/4以上着玫瑰红色晕，果皮中等厚，不易剥离；果肉白色，皮下有少量红色，近核处红色，肉质为硬溶质，汁液多，风味甜；粘核；可溶性固形物含量13.6%。8月中旬成熟。

综合评价： 丰产性好，生理落果少，裂果少，但不耐贮运。

栽培技术要点：

（1）注意早疏花疏果，控制负载量。

（2）冬季修剪时，注意大型结果枝组培养，对中小型结果枝组回缩以恢复树势。

（3）夏季修剪时，注意长副梢的连续摘心，适当疏除旺长副梢。

（4）生长季注意控水控肥，果实采收后施用足量基肥。

花枝形态

单花形态

多果状

多果组合

果实外观形态（俯视）

果实横切面

果　核

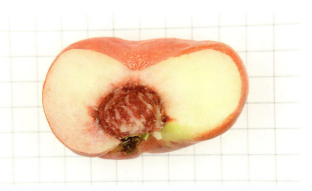

果实纵切面

碧霞蟠桃

品种来源： 平谷地方品种。

品种分布： 刘家店镇、平谷镇。

植物学性状： 树势强健，树姿半开张。萌芽率高，成枝力强。一年生枝褐红色，粗壮。叶为宽披针形，较大，平展，浅绿色，叶缘钝锯齿状。花芽着生节位低，复花芽多，坐果率高，花蔷薇形，花瓣较大，粉红色，有花粉，雌雄蕊等高。

果实性状： 果实扁平，平均单果重260.0克；果顶凹陷，缝合线明显，两侧对称；果面绿黄色，有红晕，茸毛中等；果肉乳白色，肉质细，汁液中等多，纤维少，味甜，品质上等；粘核；可溶性固形物含量13.2%。9月中下旬果实成熟。

综合评价： 产量中等，成熟期晚，耐贮运，品质优，风味甜，适应性强，但外观一般，适合山地、旱地栽培。

栽培技术要点：

（1）加强早期肥水供应，秋季增施有机肥。

（2）合理留果，按叶果比50∶1，土壤贫瘠或肥水不足地区可适当增加比例。

（3）加强夏季修剪，改善通风透光条件，促进果实着色。

（4）采收后控制灌水，减少旺长，控制树冠。

（5）留果过多时，果个变小，树势易衰。

花枝形态

单花形态

单果状

多果组合

果实外观形态（俯视）

果实横切面

果　核

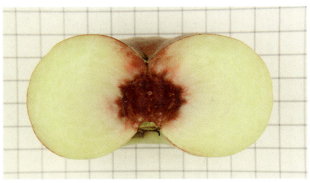

果实纵切面

瑞蟠20号

品种来源：北京市农林科学院林业果树研究所用幻想×瑞蟠4号杂交而成。

品种分布：大华山镇、刘家店镇。

植物学性状：树势中庸，树姿半开张。萌芽率高，成枝力强。一年生枝阳面红褐色，背面绿色。叶长椭圆披针形，叶面微向内凹，叶尖微向外卷，叶基楔形近直角，叶缘钝锯齿状，蜜腺肾形，2～4个。复花芽多，花芽起始节位低，为1～2节，花蔷薇形，粉色，花药橙红色，有花粉，萼筒内壁绿黄色，雌蕊与雄蕊等高或略低。

果实性状：果实扁平，果实大，平均单果重268.0克；果顶凹入，个别果实果顶有裂缝，缝合线浅，梗洼浅而广；果皮底色为黄白色，果面1/3～1/2着紫红色晕，茸毛薄，果皮中等厚，不易剥离；果肉黄白色，皮下无红丝，近核处少红，硬溶质，多汁，纤维少，风味甜，可溶性固形物含量14.0%；粘核，果核较小。9月中下旬果实成熟。

综合评价：各类果枝均能结果，以长、中果枝结果为主，自然坐果率高，丰产性强，不需要配置授粉树，耐贮运，抗性强。

栽培技术要点：

（1）园址应选在土壤水分较稳定的地方。

（2）三主枝自然开心形可采用株行距4米×6米进行定植，二主枝开心形可选用3米×6米。

（3）加强生长后期肥水管理。后期追肥以钾肥为主，配合磷肥，尤其在采收前20～30天可叶面喷0.3%的磷酸二氢钾，以增大果个，增加着色、含糖量，提高品质。

（4）生长后期如雨水少，注意及时灌水，避免因土壤水分剧烈变化而造成果实生长不均衡，引起裂核和果顶裂缝。

（5）加强花果管理。疏果时期应晚一些，优先疏除幼果期有裂顶倾向的果实，产量控制在2 500千克/亩左右为宜。

（6）重视病虫害防治。果实采收晚，后期容易受病虫为害，如褐腐病、穿孔病和食心虫等。

花枝形态

单花形态

多果状

多果组合

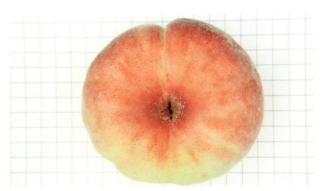

果实外观形态（俯视）

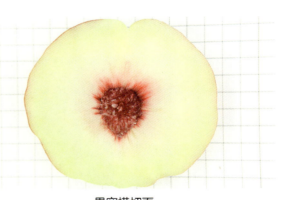

果实横切面

果　核

果实纵切面

瑞蟠21号

品种来源：北京市农林科学院林业果树研究所用幻想×瑞蟠4号杂交而成。

品种分布：大华山镇、刘家店镇。

植物学性状：树势中庸，树姿半开张。萌芽率高，成枝力强。一年生枝阳面红褐色，背面绿色。叶长椭圆披针形，叶面微向内凹，叶尖微向外卷，叶基楔形近直角，叶缘钝锯齿状，蜜腺肾形，2～4个。花芽形成较好，复花芽多，花芽起始节位低，花为蔷薇形，粉色，花药橙红色，有花粉，萼筒内壁绿黄色，雌蕊与雄蕊等高或略低。

果实性状：果实扁平形，大小均匀，平均单果重307.0克；果顶凹入，缝合线浅，梗洼浅，远离缝合线一端果肉较厚；果皮底色黄白，果面1/3～1/2着紫红色晕，难剥离，茸毛短；果肉黄白色，皮下无红丝，近核处红色，硬溶质，汁液较多，纤维少，风味甜，较硬；果核较小，粘核；可溶性固形物含量13.5%。9月下旬果实成熟。

综合评价：该品种是优良的晚熟蟠桃品种。具有果个大、风味甜、丰产、硬度较高、贮运性好、商品价值高等突出优点，成熟时间恰逢国庆节前夕，受到果农和消费者的欢迎，可以作为更新换代品种在适宜栽种区发展。

栽培技术要点：

（1）适合山前阳坡、地势平坦的地方栽培。

（2）加强生长后期的肥水管理，在采收前20～30天可叶面喷施0.3%的磷酸二氢钾，注意及时灌水。

（3）夏季修剪应注意及时控制背上直立旺枝。

（4）合理留果，疏果时优先疏除果顶有自然伤口倾向的果实，尽量不留朝天果，幼树期可适当利用徒长性结果枝结果。

（5）注意防治褐腐病和食心虫等。

花枝形态

单花形态

单果状

多果组合

果实外观形态（俯视）

果实横切面

果 核

果实纵切面

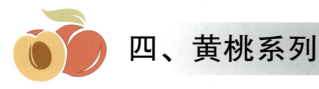 **四、黄桃系列**

佛雷德里克

品种来源：法国国立农业科学院。

品种分布：刘家店镇、峪口镇、大华山镇。

植物学性状：树姿较直立，树势中庸。萌芽率高，成枝力强，一年生枝条绿色，向阳面微红，皮孔中等。叶片短披针形，中脉明显，叶缘钝锯齿状。花蔷薇形，单瓣花有重叠，花瓣粉白，花量大。

果实性状：果实近圆形，纵径6.1厘米，横径6.4厘米，侧径6.5厘米，平均单果重182.0克，最大果重245.0克；果顶圆平稍凹入，缝合线浅，两侧较对称，果形整齐；果皮橙黄色，果面1/4具玫瑰红色晕，茸毛较密；果肉橙黄色，近核处与果肉同色，肉质细韧，纤维少，汁液中等，无红色素，不溶质；风味酸甜适中，有香气；粘核；可溶性固形物含量11.9%。7月下旬成熟。

综合评价：该品种抗冻力强，坐果率高，生理落果少，丰产性好；加工适应性好，利用率高达78%左右；罐头成品色香味兼优。

栽培技术要点：

（1）加强土肥水管理，注意雨季排水。近成熟时禁止大水漫灌。

（2）加强病虫害预测预报，做到早发现早防治，并注意合理用药。

（3）加强树上管理，合理负载，科学疏花疏果。

（4）注意开张角度，骨干枝在幼树阶段，采用拉枝的方式整形。

花枝形态

单花形态

果实外观形态（平视）

多果组合

果实外观形态（俯视）

果实横切面

果　核

果实纵切面

早 黄 桃

品种来源： 不详。

品种分布： 大华山镇、刘家店镇。

植物学性状： 树姿半开张，树势强健。萌芽率高，成枝力中等。一年生枝条绿色，向阳面微红，皮孔大而疏；叶片长披针形，叶尖细尖，叶缘锯齿圆钝，不平整。花铃形，花瓣粉白色，单瓣花，圆形，花量中等，有花粉。

果实性状： 果实近圆形，个小，平均单果重182.0克；果顶平，有微凸，缝合线浅，两侧对称；果皮浅橙黄色；果肉黄色，软溶质，味甜，汁液多；粘核；可溶性固形物含量12.2%。7月中旬成熟。

综合评价： 较丰产，适合加工鲜食，风味适口，抗性强，品质优良，近年很受市场青睐。

栽培技术要点：

（1）合理疏花疏果与合理负载，减少裂核比率。

（2）冬剪时，注意开张主侧枝角度，注意培养侧向水平结果枝组。

（3）夏剪时，疏除背上副梢、侧向副梢，注意连续摘心。

（4）生长季要控肥水，禁止大水漫灌。秋季施入优质有机肥2～3吨/亩。

（5）夏秋季，注意病虫害的发生与防治。

花枝形态

单花形态

果实外观形态（平视）

多果组合

单果状

果实横切面

果　核

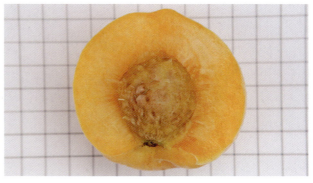

果实纵切面

早 黄 蜜

品种来源： 日本农林水产省果树实验场用21-26×布目OP-2杂交而成。

品种分布： 大兴庄镇、山东庄镇。

植物学性状： 树势强，树姿开张，新梢发枝量大。萌芽率高，成枝力强。一年生枝绿色，向阳面微红，皮孔密。叶片宽披针形，叶顶尖，叶片较平整，中脉明显，叶缘钝锯齿状。花蔷薇形，单瓣花，部分有重叠，花瓣圆形，有花粉。

果实性状： 果实扁圆形，果个大小均匀，整齐度好，平均单果重207.0克；果顶平略微凸，缝合线浅，两侧对称；果皮底色黄，着色容易，外观极美；果肉黄色，微香，酸味少；粘核；可溶性固形物含量14.7%。6月底至7月初成熟。

综合评价： 成熟早，结果稳定、丰产，无生理落果现象，有一定推广价值。

栽培技术要点：

（1）加强肥水管理，雨季适当控水。

（2）合理负载，注意疏花疏果。

（3）套袋栽培的果肉软，不耐贮运，可适当早摘或采摘前一周去袋；不套袋栽培，偶有裂果现象，采用大棚栽培可克服此现象。

（4）注意病虫害防治。

花枝形态

单花形态

果实外观形态（平视）

多果组合

果实外观形态（俯视）

果实横切面

果　核

果实纵切面

钻石金蜜

品种来源：引自山东果树研究所。

品种分布：大峪口镇、刘家店镇。

植物学性状：树势稍强，树姿半开张。萌芽率高，成枝力较强，中、长果枝较多。叶披针形，基部圆楔形，叶尖渐尖而斜，叶面平展，叶缘锯齿圆钝，蜜腺4个，肾脏形。铃形花，无花粉。

果实性状：果实近圆形，平均单果重265.0克；果顶圆或有小突尖，缝合线浅，两侧较对称，果形整齐，茸毛中等；果皮底色黄色，果面1/3 ~ 1/2暗红色，果皮不能剥离；果肉橙黄色，近核处少量红色，肉质韧性强，汁液较少，风味甜多酸少；粘核，无裂核；可溶性固形物含量为14.8％。7月下旬成熟。

综合评价：该品种属优质的中熟黄桃品种，硬溶质，风味脆甜，采前落果轻，丰产性强，采摘期长达1个月，适应性良好，有推广前景。

栽培技术要点：

（1）应选择交通便利、排水容易、向阳通风、土壤疏松的地块建园。

（2）加强肥水管理，秋施基肥，注重果实膨大期以钾肥为主。

（3）栽植时配制授粉树，或选用人工对花和授粉，能提高果实商品价值。

（4）主要病虫害有细菌性穿孔病、褐腐病、炭疽病、蚜虫和桃潜叶蛾等。

花枝形态

单花形态

果实外观形态（平视）

多果组合

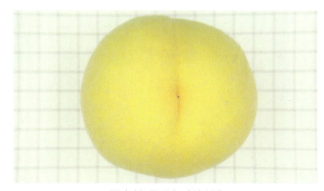

果实外观形态（俯视）

果实横切面

果　核

果实纵切面

燕黄（北京23号）

品种来源： 北京市农林科学院林业果树研究所用岗山白×兴津油桃杂交的后代。

品种分布： 峪口镇、刘家店镇。

植物学性状： 树势健壮，树姿直立。萌芽率高，成枝力强。一年生枝阳面红褐色。各类果枝均能结果，盛果期后以中短果枝结果为主。叶片长椭圆披针形，叶片微向内凹、波状。花芽起始节位为2节，铃形花，花粉多。

果实性状： 果实近圆形，部分果顶有小尖，平均单果重275.0克；果顶平，有微凸，缝合线浅，两侧对称；果皮底色橙黄，阳面具红晕，着色1/2以上，茸毛稍多；肉色浅橙黄，近核红色，肉质硬溶，风味香甜，果汁多；粘核；可溶性固形物含量12.2%。8月下旬成熟。

综合评价： 丰产性好，黄肉鲜食，耐贮运，采摘期可达20天，高抗细菌性穿孔病。

栽培技术要点：

（1）加强肥水管理，重视有机肥，果实膨大期以钾肥为主。

（2）树势较直立，夏剪时可用副梢开张角度，以防上强下弱，树势早衰。

（3）要加强树体管理，采收后及时施肥，以恢复树势。

（4）亩产量控制在2 500千克左右为宜，肥水条件好的果园可适当增加产量。

（5）加强病虫害防治，坚持预防为主，综合防治的原则。

花枝形态

单花形态

果实外观形态（平视）

多果组合

果实外观形态（俯视）

果实横切面

果　核

果实纵切面

金童5号

品种来源：系美国新泽西州育成的品种，1974年从意大利引入。

品种分布：大华山镇、峪口镇、刘家店镇。

植物学性状：树姿半开张，树势稍强。萌芽率高，成枝力强。一年生枝阳面红褐色。中、长果枝较多，为主要结果枝；叶片椭圆形，叶顶微尖，叶缘钝锯齿状，中脉明显。花芽着生起始节位平均为2.6节，单、复花芽比例相近，花芽着生节位低，复花芽多。花蔷薇形，花粉量多。

果实性状：果实近圆形，果形整齐，平均单果重223.0克；果顶圆或有小突尖，缝合线浅，两侧较对称；果皮底色黄色，果面1/3～1/2具暗红色，茸毛中等，果皮不能剥离；果肉橙黄色，近核处少量红色，肉质韧性强，汁液较少，风味酸；粘核，无裂核；可溶性固形物含量13.8％。8月中旬成熟。

综合评价：金童5号为优良的中熟加工品种，各类果枝均能结果，以中长果枝结果为主，丰产性较好，产量高，无裂果现象，结果部位易外移，抗寒性较强。

栽培技术要点：

（1）应选择交通便利、排水容易、向阳通风、土壤疏松的地块建园。

（2）加强肥水管理，忌大水大肥。重视有机肥的投入。

（3）注意合理修剪，重视夏剪，合理疏花疏果。

（4）及时防治细菌性穿孔病、褐腐病、炭疽病、蚜虫和桃潜叶蛾等。

花枝形态

单花形态

果实外观形态（平视）

多果组合

果实外观形态（俯视）

果实横切面

果　核

果实纵切面

金童6号

品种来源：系美国新泽西州育成的品种，1974年从意大利引入。

品种分布：大华山镇、峪口镇、刘家店镇。

植物学性状：树姿半开张，树势强。枝条粗壮，萌芽率中等，成枝力强，顶端优势明显。叶片平展，披针形，绿色，中等大，较细长，叶尖渐尖，叶缘锯齿圆钝，蜜腺肾形，多2个。单瓣花，蔷薇形，花药橘红，花粉多，雌蕊高于雄蕊，萼筒内壁橙黄。

果实性状：果实近圆形，平均单果重159.0克，最大果重233.0克；果顶圆，缝合线浅，两侧较对称，果形整齐，茸毛中等；果皮底色黄，果面具暗红色晕，果皮不能剥离；果肉橙红色，近核处少量红色，肉质韧细，汁液较多，风味甜酸适中；粘核；可溶性固形物含量10.5%。8月中旬成熟。

综合评价：优良的中熟加工品种，产量高，丰产稳产性较好，适应性强，耐湿热，抗病性较好。

栽培技术要点：

（1）宜选择排水良好，土层深厚，光照充足的地块建园。

（2）合理修剪，严格疏花疏果。

（3）及时防治病虫害。坚持预防为主，综合防治的原则。

（4）加强肥、水管理，施肥过程应以"秋冬季根际施用有机肥为主，氮、磷、钾三要素与中、微量元素平衡施用"为原则，严禁采前大水漫灌。

花枝形态

单花形态

果实外观形态（平视）

多果组合

果实外观形态（俯视）

果实横切面

果　核

果实纵切面

金童7号

品种来源： 系美国新泽西州育成的品种，1974年从意大利引入。

品种分布： 大华山镇、峪口镇、刘家店镇。

植物学性状： 树势生长强健，树姿半开张。萌芽率高，成枝力强。枝条抽生副梢能力强，强旺枝可以抽生2～3次副梢，一年生枝阳面红褐色。叶片平展，披针形，绿色，中等大，较细长，叶尖渐尖，叶缘锯齿圆钝，蜜腺肾形，多2个。花芽着生节位较低，复花芽多，花蔷薇形，有花粉。

果实性状： 果实近圆形，平均单果重219.0克；果顶圆或有小到大突尖，缝合线浅，两侧较对称，果形整齐；果皮底色黄色，茸毛中等，果面1/3以上具暗红色条纹，果皮不能剥离；果肉橙黄色，皮下稍有红色，近核微有红，肉质细韧，汁液中等，纤维少，风味酸多甜少；粘核，无裂核；可溶性固形物含量14.0%。8月下旬成熟。

综合评价： 优良的中熟加工品种，各类果枝均能结果，以中长果枝结果为主，丰产性较好，结果部位易外移，抗寒性较强。产量高，无裂果现象。

栽培技术要点：

（1）加强肥、水管理，采果后落叶前要施基肥。亩施有机肥2～3吨。

（2）及时防治病虫害，重点防治红蜘蛛、卷叶虫、蚜虫。

（3）合理修剪，注意疏花疏果。

（4）及时夏剪，以改善光照。冬剪以整形为主，注意结果枝组培养。

花枝形态

单花形态

果实外观形态（平视）

多果组合

果实外观形态（俯视）

果实横切面

果　核

果实纵切面

金童8号

品种来源：美国育成的品种。

品种分布：大华山镇。

植物学性状：树势强健，树姿半开张。萌芽率高，成枝力强。一年生枝阳面褐色，背面绿色。叶片宽披针形、平展，叶基蜜腺肾形。花芽单复混生，以单芽为主，花芽起节位置2～3节，复花芽形成良好。花铃形，花粉多。

果实性状：果实短椭圆形，平均单果重275.0克；果顶圆稍凹入，缝合线浅，果皮黄色，果面的1/4～1/2具深红色斑纹及晕；果肉黄色，核周少量红色，肉质为不溶质，汁液较少，味酸；粘核；可溶性固形物含量11.2%。8月下旬果实成熟。

综合评价：用其加工罐头时，金黄色均匀，肉质细软，味甜酸适口，是加工用优质的桃品种。

栽培技术要点：

（1）加强肥水管理，忌大水漫灌。

（2）注意合理修剪，以夏剪为主，冬剪为辅。

（3）注意疏花疏果。合理负载。

（4）结果前期为了促进生长和快速成形，应以氮肥为主，结果期控制氮肥，增施磷、钾肥，基肥以有机肥为主。

（5）宜选择排水良好、土层深厚、光照充足的地块建园。

花枝形态

单花形态

果实外观形态（平视）

多果组合

果实外观形态（俯视）

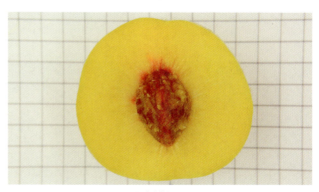

果实横切面

果　核

果实纵切面

五、花果变异展示

早红珠

玫瑰红

瑞光18号

锦 春

中油4号

中油13号

燕 红

中华寿桃

知 春

瑞光22号

瑞蟠21号

平谷本地油桃

二十一世纪

知　春

金童7号

北京23号

瑞油蟠2号

中油蟠5号

第三篇　文化篇

一、节庆活动

北京平谷国际桃花音乐节始于1999年，是以桃花为媒介，融旅游、农业、经贸、文化、体育等为一体的大规模的节庆活动。每年4月至5月举办，现已连续成功举办了18届。其间名称稍有改动。

1999—2003年举办了5届，名为"北京平谷国际桃花烟花节"；因2004年取消了烟花燃放活动，更名为"北京平谷国际桃花节"，至2010年举办了7届；2011年加入了音乐元素，更名为"北京平谷国际桃花音乐节"，至2016年举办了6届。

"北京平谷国际桃花音乐节"将音乐元素成功地融入桃花节，使桃花节转型升级为桃花音乐节，从而实现了音乐与桃花两大元素的成功对接，创造了高端音乐文化品牌，扩展了桃花节的辐射力，丰富了平谷文化创意产业的内涵。通过成功举办国际流行音乐季，一举树立了国内户外演出的新标杆，使越来越多的知名音乐业内人士和乐迷们对"中国乐谷"有了更深刻的认知，更加彰显出平谷桃花、音乐文化品牌的独特魅力。

（一）桃花音乐节经济效益与社会效益双丰收

1. 旅游接待人次、收入逐年递增　通过宣传推介桃花音乐节，吸引大量游客涌入平谷赏花，促进游客在景区、宾馆、饭店、民俗接待户等处消费，带动农副产品销售。首届桃花节接待游客12万人次，收入220万元；第十八届桃花音乐节接待381.42万人次，旅游收入24 789.53万元。

2. 富民效果明显　桃花音乐节期间平谷旅游景区、星级宾馆游客有了大幅度增加，民俗旅游接待也呈火爆态势增长。海子、雕窝、太后、鱼子山、挂甲峪等一些民俗村在节日期间游客爆满，民俗户收入从几万元到几十万元不等。同时，带动了当地农副产品、旅游商品的销售，市场效益十分明显，起到了旅游富民的效果。

3. 社会影响力大　通过这些年的大力宣传，桃花音乐节的旅游品牌越来越成熟，吸引了众多旅游商家的参与，他们纷纷把平谷桃花音乐节作为主要业务推广并与各景区、宾馆、民俗接待户形成长期合作关系，借势开展业务活动。如：港中旅、神舟国旅、环境国旅、中青旅、森林国旅、中国国旅、康辉国旅、北京青年旅行社等以及天津、廊坊、唐山等地多家旅行社组团到平谷赏花。此外，桃花节期间平谷区一些企业、公司、俱乐部纷纷借桃花节之势搞活动、做促销，借赏花之际谈项目、做生意。这些都充分体现了桃花音乐节的商业价值和社会价值。

（二）历届桃花音乐节介绍

首届北京平谷国际桃花烟花节（1999年4月17～23日）。由中共北京市平谷县委、北京市平谷县人民政府、北京市旅游事业管理局、湖南省浏阳市人民政府共同主办。桃花节期间，举办了开幕式、赏桃花、踏青、游览景区、烟花燃放、平谷县招商引资洽谈会、环渤海六省市非公有制经济研讨暨经贸洽谈会、闭幕式等活动。共接待游客12万人次，收入220万元。

第二届北京平谷国际桃花烟花节（2000年4月20～26日）。由中共北京市平谷县委、北京市平谷县人民政府、北京市旅游局、湖南省浏阳市人民政府共同主办。桃花节期间，举办了开幕式、文艺表演、烟花燃放、平谷县招商引资经贸洽谈会等活动，还推出了一个大桃观赏采摘园、四个桃花观赏区、四条桃花观赏线路、六个踏青游览景区。共接待游客15万人次，收入300万元。

第三届北京平谷国际桃花烟花节（2001年4月21～28日）。由中共北京市平谷县委、北京市平谷县人民政府、北京市旅游局、北京电视台共同主办。桃花节期间，举办了开幕式，大型文艺表演，大型烟花晚会，经贸洽谈会，平谷桃花之旅——"穿越百里桃花走廊，领略桃乡悠久文化"，平谷桃花摄影、绘画、散文、诗歌赛，京津唐百家旅行社平谷旅游推介联谊会，烟花自由燃放等活动。共接待游客21万人次，收入2 100万元。

第四届北京平谷国际桃花烟花节（2002年4月16～22日）。由中共北京市平谷区委、北京市平谷区人民政府、北京市旅游局、中国国际贸易促进委员会北京分会、《经济日报》新闻发展中心共同主办。桃花节期间，举办了平谷世纪广场焰火晚会、金海湖阿迪力挑战吉尼斯高空生存世界纪录、2002年第二届中国旅游房地产发展论坛暨第一届全国分时度假论坛、小峪子"平谷桃花海"、穿越百里桃花走廊、桃花相伴采鲜桃、平谷踏青健身娱乐游、红色之旅精品线路游、平谷精品展等活动。共接待游客28万人次，收入2 500万元。

第五届北京平谷国际桃花烟花节（2003年4月19～26日）。由中共北京市平谷区委、北京市平谷区人民政府、北京市旅游局共同主办。桃花节期间，举办了开幕式，文艺演出，天润之光烟花晚会，经贸洽谈会，北京百名车迷驾车穿越平谷百里桃花走廊大巡游，百万市民游平谷，放心食品看绿都，东方车王周长春倒骑摩托攀登丫髻山创造吉尼斯世界纪录活动及系列旅游活动。

第六届北京平谷国际桃花节（2004年4月15～25日）。由中共北京市平谷区委、北京市平谷区人民政府、北京市旅游局、共青团北京市委、《北京娱乐信报》《京郊日报》、北京交通台等单位共同主办。桃花节期间，举办了开幕式，北京电视台支持"三农"下乡慰问演出，2004"春华秋实"北京百万市民观光果园采摘游启动仪式及经贸洽谈会等活动。共接待游客23.54万人次，收入751.3万元。

第七届北京平谷国际桃花节（2005年4月15～25日）。由中共北京市平谷区委、北京市平谷区人民政府、北京市旅游局、共青团北京市委、《北京娱乐信报》《京郊日报》、北京交通台等单位共同主办。桃花节期间，举办了平谷建制2 200年纪念大会暨专题文艺晚会，"开启幸福快门，桃醉烂漫三春"首届春游摄影大赛，2005美丽之春——北京金海湖大型经典风车风铃艺术展，"世界旅游小姐年度皇后大赛"旅游小姐游平谷，"走遍平谷"系列旅游活动之"平谷花月夜—桃花海浪漫之夜"，"我为平谷添新绿"——植平谷纪念林等活动，还推出了免费赏花班车。共接待游客37.58万人次，收入1 589.82万元。

第八届北京平谷国际桃花节（2006年4月16～26日）。由北京市平谷区人民政府、北京市旅游局共同主办。桃花节期间，举办了新人赏花会，《新京报》瑞恩钻饰春季集体婚礼，平谷春季集体婚礼，日本游客平谷赏桃花启动仪式，四海漫游汽车俱乐部平谷赏花自驾游，1039俱乐部平谷赏花自驾游，"2006美丽之春——北京金海湖大型经典风车风铃艺术展"，BTV热心观众桃园宠物秀等活动，盘峰宾馆还首次推出了"桃花宴"。共接待游客40.43万人次，收入1 666.81万元。

第九届北京平谷国际桃花节（2007年4月17日至5月7日）。由中共北京市平谷区委员会、北京

市平谷区人民政府、北京市投资促进局、北京市体育局共同主办。桃花节期间，举办了经贸洽谈会，2007客家经济文化国际论坛，CCTV3《同一首歌》"走进平谷—渔阳之夜"，BTV红楼梦中人桃花盛典，百对佳偶浪漫桃花园，"走进桃乡平谷"全国摄影大赛暨王玉书书法篆刻展，宋守友画展，全国桃花摄影展，迎奥运中国结展，旅游资源展，文化成果展，世纪阅报馆老报刊展，北京市民防专场文艺晚会，丫髻山道教文化展览，《平谷桃志》《北京赏石》出版发行，桃花大舞台，"相约北京国际演出季"活动开幕式，北京市第六届全民健身体育节登山大会启动式暨"石林峡杯"山地健行大赛，全国首届山地铁人两项赛，平谷NBA（全区篮球比赛），"和谐社区杯"乒乓球大赛决赛，平谷区第二届石林峡杯乡村民俗旅游农家饭（菜）厨艺技能大赛，奥运冠军走进桃花源暨百家"骑行者"俱乐部桃花海穿越，"百人绝技"桃花节新村献艺，幸福桃花雨，旅游农产品展卖，"人文奥运，和谐丫髻"登山祈福，"奔驰"在桃花源、黄松峪地质博物馆开馆仪式，金海湖风筝展，大棚桃采摘，"全国生日礼品桃包装设计方案大奖赛"颁奖仪式等活动。共接待游客79.26万人次，收入2 563.32万元。

第十届北京平谷国际桃花节（2008年4月17日至5月3日）。由北京市旅游局、北京市投资促进局、北京市人民政府侨务办公室、北京市人民政府台湾事务办公室、中共北京市平谷区委员会、北京市平谷区人民政府共同主办。桃花节期间，举办了第二届民俗饭菜大比武，第十届北京旅游咨询展暨王府井旅游文化节，第二届樱桃花观赏节，世界名犬展和驯犬表演，品农家菜学厨艺活动，民间手工艺品展卖，拓展训练野营体验，"杏花北寨，踏青南山"赏花，百名劳模走进新农村一日游，"赏万亩桃花美景，解亿年溶洞之谜"活动，品尝美食桃花盛宴，"花海畅游，健康之旅"活动，特价酬宾抽奖，"桃花大舞台"周末演出，第二届轩辕黄帝陵公祭大典，"走进中国桃乡平谷"全国摄影获奖作品展暨画册首发式，平谷赴俄罗斯对外文化交流展，王培兰剪纸艺术展，2008年平谷春季书市，平谷艺术家书画"平谷十六景"联展，百年奥运图片展，"税收·发展·民生"税法宣传，民俗大秧歌表演，民俗风情文艺汇演，药王庙祈福，"歌颂祖国、赞美家乡、赞颂奥运"活动，"知平谷、爱家乡"活动，桃花节赶集，"胜泉庵祭拜、品茶"活动，"畅游平谷桃花海，描绘家乡山水情"书画展，观赏石精品展，平谷区第二届迎奥运和谐社区杯乒乓球比赛，平谷区第二届"京东绿谷杯"篮球大赛，平谷区第四届全民运动会拔河比赛，平谷区迎奥运倒计时100天健身展示活动，迎奥运展社区风采系列活动，登山健体，正大蛋品基地建设项目奠基仪式，《平谷十二果》首发式暨平谷区果蔬采摘活动启动式等活动。共接待游客144.8万人次，收入3 809.5万元。

第十一届北京平谷国际桃花节（2009年4月17日至5月7日）。由北京市体育局、北京市投资促进局、北京市人民政府侨务办公室、北京市人民政府台湾事务办公室、中共北京市平谷区委员会、北京市平谷区人民政府共同主办。桃花节期间，举办了北京平谷第十一届国际桃花节暨平谷区第五届全民健身体育节开幕式，"桃花大舞台"唱大戏活动，李润波老报刊藏品捐赠仪式，系列书画影展，民间艺术展览活动，"婚育文明靓桃乡"人口文化宣传活动，老干部红歌会，著名诗人咏平谷，走进平谷——北京市全民健身优秀项目展示活动，北京平谷国际徒步大会暨国际徒步大道揭牌仪式，第四届乡村民俗旅游"农家饭（菜）"厨艺技能大赛暨平谷乡村特色美食争霸赛活动，庆祝北京平谷荣获中国观赏石之乡称号系列活动，第二十届丫髻山传统庙会，温室采摘活动，民间手工艺品现场展卖活动，丛海逸园野营体验活动，北京金海湖美丽之春——绚丽多彩风筝节暨金海湖镇第一届风筝展，金海湖镇第三届樱桃花观赏节，药王庙祈福活动，亲近北寨——走进南山踏青赏杏花活动，第四届"北寨红杏"杯摄影比赛，南独乐河镇登山健身活动，溶洞趣味游暨文艺杂技模特专场演出，"春风得意赏桃花，智慧幽谷探珍宝"活动，"城乡手拉手、市民踏青一日游"暨艺人采风交流活动，民间艺术绝活进山义展开幕式现场活动，山东庄镇第三届中华轩辕黄帝公祭大典活动，京东"轩辕杯"奇石、根艺、盆景、书画、民间艺术展，王辛庄剪纸作品展，闫氏葫芦产品展销会，品尝美食桃花盛宴等系列活动45项。共接待游客190.86万人次，收入5 044.97万元。

第十二届北京平谷国际桃花节暨第六届全民健身体育节（2010年4月17日至5月7日）。由北京市体育局、北京市投资促进局、北京市人民政府侨务办公室、北京市人民政府台湾事务办公室、中共北京市平谷区委员会、北京市平谷区人民政府共同主办。以"桃花丛里来健身"为主题，桃花节期间，举办了桃花节体育节开幕式，百对新人桃花海新婚庆典，全国首届山地徒步走大会第一站暨总开幕式，北京市农民象棋赛，平谷区第四届"和谐杯"乒乓球比赛，平谷区第三届"京东绿谷杯"篮球联赛，平谷、顺义、密云、怀柔四区县足球联赛，第四届中华轩辕黄帝公祭大典活动，快乐周末"桃花大舞台"演出活动（共9场），系列书画、摄影作品及老照片展，"提琴之声"晚会暨平谷区第十三届中小学生艺术节，"爱祖国、颂家乡"歌咏活动，桃花源民间艺术展，档案局系列展览活动，"桃花海里知税法"宣传活动，旅游商品展卖活动，北京平谷第五届乡村旅游厨艺技能大赛（BTV京郊大地播出），丫髻山首届道教文化节暨第二十一届传统文化庙会，南独乐河·熊儿寨杏花节，京东大峡谷国家AAAA级景区授牌仪式，品尝"桃花养生宴"活动，山东庄镇第五届设施桃采摘节活动，金海湖镇第四届樱桃花观赏节，金海湖镇第二届风筝节，轩辕石地质公园奇石展，王辛庄农户产品展示活动，赏桃花、品美食、感受教工休养院亲情活动，"春游赏花纵观九天瀑、踏青吸氧乐游石林峡"活动，"美在石林峡"全国旅游网络摄影大赛活动，碧海邀您共赏桃花海活动，金海湖镇民俗风采——文明礼仪接待展示大赛，"桃源深处大华山"推介会及"朋友加朋友发展在绿谷"联谊会，"手拉手、连民心"活动，"我为

"绿谷献蓝天"骑自行车赏桃花活动等43项。共接待游客118.05万人次，收入5 050.13万元。

北京平谷第十三届国际桃花音乐节（2011年4月17日至5月7日）。由北京市旅游发展委员会、北京市人民政府新闻办公室、北京市人民政府侨务办公室、北京市人民政府台湾事务办公室、北京市投资促进局、中共北京市平谷区委员会、北京市平谷区人民政府共同主办，北京平谷第十三届国际桃花音乐节指挥部承办。以"中国乐谷·乐动平谷""平谷桃花 花美天下"为主题，桃花音乐节期间举办了"我们的声音"——中国音乐版权高峰论坛暨中国乐谷·中国音乐版权交易中心启动仪式、2011中国乐谷·国际流行音乐季，中国乐谷国际音乐产业发展规划高峰论坛及活动，北京平谷区域发展国际论坛，北京平谷首届赏石文化节，第五届中华轩辕公祭大典，北京平谷第二十二届丫髻山传统文化庙会，北京平谷第十三届国际桃花音乐节户外休闲健身大会，北京平谷第十三届国际桃花音乐节"桃花大舞台"演出活动，平谷区第六届乡村旅游"农家饭（菜）"厨艺技能大赛暨"客居香"杯乡村美食大赛，红娃向着太阳唱——"新农村和打工子弟的孩子们献给建党九十华诞"文艺晚会，温室大棚果品采摘活动，北京平谷第十三届国际桃花音乐节大华山镇系列活动，北京平谷第十三届国际桃花音乐节金海湖镇系列活动等14项旅游文化活动。共接待游客149.9万人次，收入6 691.2万元。

北京平谷第十四届国际桃花音乐节（2012年4月19日至5月20日）。由北京市旅游发展委员会、北京市人民政府新闻办公室、北京市人民政府侨务办公室、北京市人民政府台湾事务办公室、北京市投资促进局、中共北京市平谷区委员会、北京市平谷区人民政府共同主办，北京平谷第十四届国际桃花音乐节指挥部承办。以"桃花盛开，幸福平谷""中国乐谷，乐动你我"为主题，举办了2011年"中国最有魅力休闲乡村"颁牌盛典；2012年"中国最有魅力休闲乡村"评选启动仪式暨北京平谷第十四届国际桃花音乐节开幕式，2012中国乐谷·北京国际流行音乐季，第62届世界小姐大赛北京分赛，平谷桃花缘千人相亲会，"请跟我来 幸福平谷之旅"大型推介活动，平谷区特色旅游商品展卖活动，平谷"桃花大舞台"系列演出活动，驻京中外企业投资平谷行活动，中国丫髻山道教文化节暨北京平谷第二十三届丫髻山传统文化庙会，壬辰年（第六届）中华轩辕黄帝祭典活动，北京平谷第二届赏石文化节等11项旅游文化活动。举办规模为历年最大，以"桃花盛开，幸福平谷；中国乐谷，乐动你我"为主题，彰显桃花品牌和中国乐谷形象，旅游效益创历史新高。本届桃花音乐节共接待游客216.9万人次，实现旅游收入14 312万元，成功实现了桃花音乐节的华丽转型。

北京平谷第十五届国际桃花音乐节（2013年4月18日至5月8日）。由平谷区人民政府主办，北京平谷第十五届国际桃花音乐节指挥部承办。以"中国乐谷·世界桃园""桃源琴韵相约平谷""浪漫桃花源　激情音乐谷"为主题，组织了北京平谷第十五届国际桃花音乐节开幕式，平谷20条赏花登山步道踏青健体活动，北京平谷第三届赏石文化节，北京平谷"美丽山水靓桃乡"书画展，北京平谷国际特色美食小吃文化节，"美丽平谷"摄影大赛，2013年第二届北京平谷"桃花缘"相亲会，"桃花邮票"系列邮品——"桃花情缘"邮册首发式，中国乐谷·2013北京迷笛音乐节，"光明行"慈善拍卖会，中国丫髻山道教文化节暨北京平谷第二十四届丫髻山传统文化庙会等系列活动。总共接待216.59万人次，比去年同期增长29.2%，总体旅游收入13 225.89万元。

北京平谷第十六届国际桃花音乐节（2014年4月8日至5月8日）。北京市平谷区人民政府主办，北京平谷第十六届国际桃花音乐节指挥部承办。本届桃花节以"浪漫平谷之行·魅力休闲之旅"为主题，组织了"登道教名山，赏万亩桃花"——北京平谷第十六届国际桃花音乐节开幕式暨丫髻山4A级景区开园仪式，以"花开平谷·乐动北京"为活动主题的2014中国乐谷·北京国际流行音乐季，以"赏桃花美景、逛文玩大集"为主题的平谷首届文玩大集，"精美的石头会唱歌"——北京平谷第四届赏石文化节，"舌尖上的平谷"——北京平谷第二届特色美食文化节，"近畿福地·畿东泰岱"—中国丫髻山道教文化节暨北京平谷第二十五届丫髻山传统文化庙会、"美丽平谷行"——赏花、踏青、采摘游、"创文化经典燃艺术激情"——平谷区第一届职工文化艺术节等系列活动。接待240.29万人次，旅游收入13 261.19万元。

北京平谷第十七届国际桃花音乐节（2015年4月6日至5月6日）。由北京平谷第十七届国际桃花音乐节组委会主办。本届桃花节以"休闲平谷 桃花之都"为主题，组织了北京平谷第十七届国际桃花音乐节开幕式，论道平谷——平谷国际休闲论坛、印记平谷——平谷国际摄影大赛、邂逅平谷——首届'京津冀'相亲大会，2015"天云山杯"首届中国狮王争霸赛，健康"乐、逃、淘"——平谷赶大集活动，"平谷有我一分田、一棵树"活动，中医药养生平谷行活动，京津冀"快乐大巴"游花海活动，乐和仙谷春茶会，2015中国乐谷·北京国际流行音乐季理想音乐节，"舌尖上的平谷"——北京平谷第三届国际美食小吃文化节，北京平谷第五届赏石文化节，"人面桃花相映红"——第九届平谷桃花节徒步大会等系列活动。总共接待249.81万人次，旅游收入15 458.87万元。

北京平谷第十八届国际桃花音乐节（2016年4月1日至5月31日）。由北京平谷第十八届国际桃花音乐节组委会主办，活动历时2个月，历届最长，取消了活动开幕式。活动主题为"花海徜徉 乐享休闲"，围绕山水休闲、运动休闲、农业休闲、文化休闲、音乐休闲、养生休闲，推出以休闲平谷摄影、书画作品展示及赏花为亮点的"平谷美"系列活动；以徒步、骑游、体验游为亮点的"运动狂"系列活动；以鲜食药材、红叶香椿为亮点的"吃货乐"系列活动；以平谷奇石、土特产品、大集淘宝为亮点的"快乐淘"系列活动；以音乐节、乐器展为亮点的"音乐迷"系列活动；以丫髻山休闲旅游文化节、狮王争霸赛、桃花大舞台展演为亮点的"享文艺"系列活动，共六大系列20项。北京平谷第十八届桃花音乐节总体接待游客381.42万人次，旅游收入24 789.53万元。

（三）简要历程

自20世纪六七十年代以来，大华山镇后北宫村开始尝试种植大桃并获得成功，至今，平谷全区大桃栽植面积已达22万亩。平谷不仅做大桃文章，还以花为媒，做起桃花的文章，1992年平谷县委和县政府在大华山镇举办桃花节。1999年，举行首届北京平谷国际桃花烟花节，从此桃花节成为全县范围内一项大规模的传统活动。此后5年举办了5届桃花烟花节，由县委、县政府主办，还邀请烟花爆竹之乡的湖南浏阳市政府共同参加了第一、二届活动。桃花烟花节均在每年4月中下旬举办，期间，举行开幕式、赏花、踏青、大型文艺表演、大型烟花晚会、招商引资洽谈会、经贸洽谈会等。桃花烟花节注重宣传，通过举办活动向外推介平谷，活动安排上有烟花燃放表演、金海湖阿迪力走钢丝挑战吉尼斯纪录等。而从活动时间上，桃花烟花节仅仅为期一周。

随着北京市全面禁放烟花爆竹，桃花烟花节也适时取消烟花项目。2004年，改名第六届北京平谷国际桃花节。与前几届桃花烟花节注重宣传和营销、更多邀请市级部门参与及北京众多媒体参加不同，2005年以后，新农村建设成为国家发展的重大战略，平谷也先后建设了挂甲峪、玻璃台、将军关等新农村试点，传统农业开始向三产转变，"旅游富民"成为主题，并体现在每年的国际桃花节上，更加注重全民参与，活动内容除有《同一首歌》大型文艺演出、"世界旅游小姐年度皇后大赛"等大型活动外，还有赏花自驾游、登山大会、农家饭菜厨艺技能大赛等，其时间也由一周延长至20天。

2010年以来，国家日渐重视文化产业发展，北京文化创意产业迎来了黄金发展期。平谷依托年产30万把提琴的音乐制造产业，顺势而为，提出打造中国乐谷的宏伟目标。2011年春，平谷区委、区政府在桃花节中融入音乐元素，举办中国乐谷音乐产业高峰论坛、中国乐谷音乐版权交易启动仪式以及首届中国乐谷·北京国际流行音乐季等三大活动，极大宣传了中国乐谷和平谷，其中以中国乐谷·北京国际流行音乐季最为突出。音乐季早在2010年下半年就已开始策划，计划于2011年第13届桃花节举办大型音乐户外演出，并且提出政府主导、社会参与、市场化运作，通过政府扶持，争取在3～5年内实现市场化的办节道路。

平谷区与歌华集团达成合作协议，合作举办首届音乐季。而渔阳滑雪场因场地开阔，四周环山，远离村庄，基础设施具备等优势，为办音乐节最佳场地。经紧张周密筹备，首届音乐季取得巨大成功，吸引了艾薇儿、小皮靴、黄小琥等国内外著名艺人参加演出，2011年4月29日、5月1日两天时间吸引5万狂热歌迷，获得社会各界一致好评。第二届音乐节仍旧与歌华集团合作，于2012年5月7日、8日、9日举办，邀请汪峰、许巍、乔斯·史东等国内外著名艺人参与演出，吸引歌迷8万人，提高了中国乐谷的知名度和影响力。乐谷音乐节成为行业界标杆演出，渔阳滑雪场在第二届音乐季中更名为中国乐谷草地音乐公园，被行业界称之为国内首席户外演出基地。

在前两届举办音乐节的基础上，音乐节市场化成为努力的方向。在合作伙伴上，采取强强联手，选择国内最有号召力的迷笛音乐节作为合作方，于2013年举办中国乐谷迷笛音乐节，在没有大牌明星的前提下，歌迷参与人数达10万人，乐谷音乐节在向市场化探索的道路上迈出坚实的一步。

桃之夭夭，灼灼其华。平谷从桃花节，到桃花烟花节，再到桃花音乐节，其活动不断发展与丰富，影响力不断提高与增强。现在，22万亩桃花，四月里绽放出一片花的海洋。分为桃花源赏花区、桃花海赏花区、小金山赏花区、洙水赏花区、峨嵋山赏花区、行宫赏花区、大岭赏花区等，形成一道桃花观赏走廊。据统计，1999年首届桃花节接待游客12万人次，收入220万元；2012年第十四届桃花音乐节游客突破200万人次，收入突破1亿元；2013年桃花音乐节期间，接待游客216万人次，收入1.3亿元。今后，平谷人民与时俱进，科学发展，不断创新，将桃花的文章一定会做得更好！

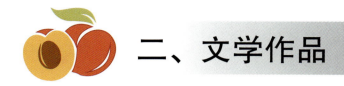

二、文学作品

桃 花 赋

韩牧苹

"桃之夭夭，灼灼其华"《诗经》上的名句，赞盛开桃花的浓艳多姿。唐代吴融诗中"满树和娇烂熳红，万枝丹彩灼春融"，对桃花的描写更为绚丽多彩。历来红桃绽蕊，绿柳垂青，几乎普遍认为是春天最具有活力的象征。

在陶渊明的《桃花源记》中，记述了一个与世隔绝的桃源奇境，境中人得良田、美池、桑竹之属，男耕女织，相安和乐。千百年来文人墨客为之心往神驰，梦绕魂牵，寻访多少胜迹，写下无数诗篇。堪称"诗中有画，画中有诗"的王维，曾据《桃花源记》写成一首古诗《桃源行》，使得诗文相映，双璧生辉。然而王维在极力描摹的结尾，不得不留下无限的怅惘："春来遍是桃花水，不辨仙源何处寻。"

桃花早开，被称为报春花。桃花从内心到外缘，依次由深红、浅红乃至粉白，浓淡匀实，丽色天成。杜甫深情地写出："桃花一簇开无主，可爱深红爱浅红。"古来，文人常用桃花的艳丽形容少女的面颊，喻之为"粉面桃腮"。日本国则把桃花节称为少女节，古今中外，人们是何等喜爱桃花由此可见一斑。

桃花开时，衬有鲜嫩的绿叶，使得春桃丽质更为楚楚动人。韩愈诗句"百叶桃花晚更红，窥窗映竹见玲珑"恰以提高我们鉴赏名花的情致。

三春过去，夏秋到来，桃花花落结实。鲜桃黄衣红顶，形貌喜人，瓢肉莹润，浆液甘甜。因而人们总是冠之以最好的名字，诸如寿桃、蟠桃、仙桃，等等。

开花给人以娱神悦目之情，结果予人以香甜适口之义。美哉，红桃！古人云："桃李无言，下自成蹊"，确乎言之有理。

（收录《沟阳杂录》）

看 桃 花

韩牧苹

万支新蕊向阳开，
香红深浅少女腮。
桃园路上车如水，
俱是争相看花来。
（收录《沟阳杂录》）

桃 花 节

韩牧苹

谁家妙手绘丹青，
枝青叶绿衬小红。
一年一度桃花节，
千朵万朵笑春风。

桃　花　颂

王振林

阳春三月风光好，平谷桃花竞妖娆。

丽日高照，春风渐暖。阵阵春风，吹红了平谷大地二十多万亩桃花。在这春意盎然之际，赏花路上，车水马龙，川流不息，客流如潮；桃园树下，游人如织，拍照忘返，兴高采烈。好一番欢乐热闹的景象。

桃花节，桃花节，为桃花举办如此盛大的节日，真是举世罕见。桃花，你这小小的花，为何有这般迷人的魅力，能打动这么多男女老少的心，吸引这众多国内外的游客！

真美乃神韵，美在悟中寻。只有在深深的爱赏品悟中，才能发现桃花之美的独特神韵。

桃花，乃美丽之花。

桃花之美，自古为诗人所吟咏。"桃之夭夭，灼灼其华"此乃诗经吟咏桃花之名句。

赏桃花之美，首观桃树其形。桃树其形，娇小玲珑。花开满树笑春风，冠小枝纤娇韵生。一树一枝，俏似佳人，迎风而立，婀娜多姿。

赏桃花之美，再观桃花之色。桃花之美，美在变化之中。初花乃白色，中花乃粉色，欲凋之花乃呈深红色。花色白时赏之，略显平淡，欠艳丽生动，深红时赏之，则色显干枯，缺鲜灵之气，唯在粉色之时赏之最佳。粉色介于红白之间，乃为中色。粉色既不失白色的纯洁亮丽，又不失红色的热烈活泼。它美不妖艳，亮不灼目。寓妖娆庄重于雅美之中，醒目而柔美。美而不艳，雅而不淡。美雅适度。美而可亲，雅而可敬。可亲可敬，怡情宜人。粉色乃色中佳色也。故文学作品，多用粉色形容美人面色，如"粉面佳人""粉面含春"云云。

赏桃花之美，远观其势。当桃花盛开之时，远望一川一坡，则如云如海，真乃花海无边红满地，如霞灿烂粉云天。蔚为壮观，叹为观止。

桃花，乃爱情之花。

"去年今日此门中，人面桃花相映红。人面不知何处去，桃花依旧笑春风。"唐朝诗人崔护这首《题都城南庄》的诗，是典型的借写桃花而写爱情之诗。诗人崔护去年赏花遇红颜知己，今春赏花再寻知己不遇，面对粉红桃花思念红粉佳人。见花思人，情景交融。爱之切切，情意绵绵。桃花乃爱情之花，可见有诗为证。

民间自古也有以花为媒，交桃花运之说。所谓交桃花之运，乃交爱情之运。爱情是美好的，以美丽的桃花象征爱情之美好，岂不恰如其分。桃花绽开春满园，人面桃花相映红。试想，在那美丽的桃花丛中，谈情说爱，令人心旷神怡，自然谈情易爱，求偶易成。美景焕发美情，结其爱情，成其佳偶。岂不美哉乐哉！

桃花，乃友谊之花。

古有"桃园结义"之典故，桃花是刘备、关羽、张飞兄弟三人盟誓结谊之见证。故桃花自古便与义结缘，家喻户晓。今天，平谷举办桃花节，联四海之谊，结五洲之友。桃花，已成为平谷一张精美的名片，一个著名的品牌，一个美丽的形象大使。桃花，为提高平谷的知名度，为增进平谷与外界朋友的友谊，促进平谷的投资和发展，立下了汗马功劳。桃花，已成为名副其实的友谊之花。

桃花，乃吉祥之花。

桃在民间传统文化中，历来蕴含吉祥之意。如桃之木可以避邪，故古人用桃木板书写春联，以求祛灾祈福。桃木剑做镇宅宝剑，可除妖驱怪，以保家人安康。桃之果为果中上品，食之可以益寿延年。传说中王母娘娘蟠桃会，即以蟠桃宴请众仙，故桃有仙桃之称。麻姑献桃祝寿，故桃又有寿桃之谓。

传说如此，现时又如何呢？农谚云："桃养人，杏伤人。"意是说杏性主火，食多宜伤人；而桃乃中性，吃了不伤肠胃，故可饱腹养人。桃不但木、果益人，且花、叶也益人。桃叶喂牛羊，不但长膘快，且抗瘟疫，少得病。桃花可制桃花油，为女人上等养颜护肤佳品。可见桃浑身是宝。

何以如此？现代科学研究证明：桃之木、叶、花、果中含有大量不饱和脂肪酸，而不饱和脂肪酸可以提高人体的免疫力，抗细菌病毒感染。有益于人体保健，益寿延年，故桃乃吉祥之物，桃花乃吉祥之花。

桃花，乃富民之花。

春华秋实。桃，不仅花之美可爱，且果之美可口宜人。桃，不仅可作为鲜果享用，还可制作桃汁、桃脯、桃罐头、桃酒。不仅人们喜吃桃，且农民愿种桃。由于桃为浅根树种，喜沙地中性土壤，对土地条件要求不高，且好种好管，结果早，产量高，收入高，一般管理水平，种一亩桃可收入几千元。管理水平高的，种一亩桃可收入两三万元。综合以上因素，农民种桃积极性高，种桃已成为果农致富的主导产业。平谷15万桃农，种了22万亩大桃，大桃总产量达1.8亿千克，总收入3.6亿元，果农人均大桃年收入达到3 600元。大桃种植业在平谷的大规模发展，不仅直接富裕了种桃的农民，还促进和带动了平谷旅游观光、包装、交通、商业、餐饮业、果品加工等行业的发展。种桃致富的农民不仅在农村盖了新房，买了家用电器和摩托车；有的还进城买了楼房、汽车，将家安到了县城，送孩子进城读书。全家农闲时在城里休闲，农忙时回村务农。成为新时代的城乡两栖农民。平谷的大桃产业，不仅富裕了农民，而且繁荣了城乡经济。故桃花成为名副其实的富民之花。

桃花是美丽之花当赏，桃花是爱情之花当爱，桃花是友谊之花当赞，桃花是吉祥之花当歌，桃花是富民之花当颂。故在将桃花定为平谷区花之际，特作桃花颂。惟愿桃花给平谷人民带来富裕、幸福、吉祥、安康！

二〇〇七年四月二十二日

七律·平谷①之春

王振林

丽日和风暖世间，
田园春满色斓斑。
红波②似海漫川里，
白浪③如潮绕谷环。
百壑赏心花养眼，
千山悦目绿滋颜。
客来喜尝农家饭，
老少迎宾乐不闲。

二○○四年四月十五日

七绝·咏平谷桃花海

王振林

花海无边红满地，
春风有色绿群山。
游人何故如潮涌？
向往桃源乐觅间④。

二○○七年四月十四日

注释：
①平谷：北京市所辖区，距京城70千米。面积958千米²，人口40万。拥有世界最大的桃园，每年桃花盛开时举办桃花节。
②红波：指大面积盛开的桃花似红色海波。
③白浪：指山坡上盛开的梨花似白色浪花。
④向往桃源乐觅间：桃源，即陶渊明《桃花源记》中所描写的桃花源。平谷拥有世界最大的桃园，有桃树22万亩，且无噪音，无污染，空气清新，环境优美，具有世外桃源般的美丽。因此，每年桃花节期间游人如织。

桃 花 谣

刘廷海

一轮红日出东山，
辉天耀地照山川。
杏花谢了桃花绽，
红了京东一片天。
要说天咱就说天，
平谷就在这天下边。
扑天盖地的春三月，
桃花百里斗娇妍。
只说是，桃花开满了沟河畔，
桃花开满了洳河边，
金海湖上推开桨，
桃花影里好行船。
望望天，火一般，
看看水，好容颜，
停船拢岸往山上走，
处处桃花把人拦。
拨开花枝往山下看，
桃花烧红了大平原。
大平原上村庄密，
桃红花海的似火焰。
金鸡子打鸣喔喔叫，
叫红了一处好家园。
家园好，好家园，
桃花源里做神仙。
神仙也有不如意，

不如到平谷来种田。
平谷的人口四十万，
都是神仙下了凡。
桃花源里多流汗，
浇出个火红的好春天。
春天好，好春天，
春天的平谷最壮观。
红山红水红天地，
红人红马红笑颜，
红村红寨红日月，
红手红心建家园。
火红的日子里办喜事，
笛儿喇叭吹开一眼泉。
泉水流着桃花走，
流到哪儿哪儿甜。
桃花水酿桃花酒，
喝上一口醉三年。
桃花水煮桃花饭，
吃上一碗想八天。
桃花水研桃花墨，
画出个蝴蝶把翅扇。
桃花水边洗洗脸，
老头子洗成了青壮年。
要说年咱就说年，
年年都有个三月三。

往年的三月赶庙会，
如今的三月逛大田。
平谷县，东西南北全走遍，
好一个，二十万亩的桃花园。
桃花里唱歌腔韵好，
桃花里谈心心也甜。
桃花里牵过谁的手，
下辈子爱你一万年。
桃花园里笑一笑，
照一张照片就赛貂婵。
潺潺的水，绵绵的山，
平谷的桃园没有边。
好日子从春天往前走，
桃花海载着这桃花船。
一行船，桃花红到小村边，
二行船，桃花红到大山前，
三行船，桃花红到天上去，
四行船，桃花红到咱心间。
桃花好才有一年的收成好，
桃花艳才有日后的大桃鲜。
"大桃产业"的新思想，
富裕了平谷红满了天。
党中央引来桃花水，
浇开这桃花红万年！

鲜桃四季谣

刘廷海

北京的东边是京郊，
京郊的山水好妖娆，
水里鱼龙山上宝，
平川谷地长大桃。
要说桃咱就说桃，
平谷的山水品位高，
山田平地插根棍儿，
转眼就开花长大桃。

有黄桃，有白桃，
还有油桃大蟠桃。
瑞光系列、绿化号，
京玉、燕红、水蜜桃。
早春温室有春桃，
冬天大棚有冬桃，
深秋里有个观光号，
过去的皇上吃贡桃。
想吃甜的有久保，
薄皮里盛着蜜一包。
想吃脆的十四号，
甩开了牙口随便嚼。
嚼桃嚼出个科技号，
老百姓叫它生态桃。
王母娘娘蟠桃会，
专用咱平谷的大蟠桃。
老年人吃鲜桃，
福也增来寿也高。
年轻人吃鲜桃，
潇潇洒洒的更耐瞧。
小孩子吃鲜桃，
智商噌噌地往上蹿。
姑娘小伙儿吃鲜桃，
绵绵情意就上眉梢。
胖子吃桃肥转瘦，
瘦子吃桃猛长膘。
中国人吃桃吃出桃文化，
外国人"OKOK"地嚷着嚼。
春天里吃鲜桃，
桃园里新桃催旧桃。
夏天里吃鲜桃，
青山绿水好风飘。
秋天里吃鲜桃，
金风唱起丰收谣。
十冬腊月雪花落，
围着火炉品鲜桃。
咱把四季怀中抱，
对着丰收细细调。
前说桃，后说桃，
前后左右都是桃。
四季桃花四时俏，
四时美景难画描。
这得说，党的富民政策好，

才有这累累的收成压树梢。
还得说，科技开花花更妙，
才有这四季的香甜把人招。
更得说，上下一心心通窍，
才有这幸福的大道上云霄。
到如今，平谷的大桃长了脚，
一路香甜一路谣。
走遍五湖和四海，
普天下都有咱平谷的桃。

情满桃源

柴福善

平谷三面环山，中为谷地。莽莽二十余万亩桃园，就繁茂于这山圈儿里。桃园尤以华山为最，原本就从这里繁茂开来的呢！而华山之名，据说亦为原东魏要阳古县桃花山，其历史自是源远流长了。

且莫一再溯本追源，时值四月天，看那春风一点，一朵两朵桃花小心翼翼地一番左顾右盼，便毅然决然敢为天下先地拱出苞儿来。随后那些酝酿已久的骨朵禁不住开放的灿烂，便爆竹般噼噼啪啪绽放了。不待一夜春风，就绽放得漫山遍野。这漫山遍野缤缤纷纷的桃花，绝非元人散曲小令，那太小巧玲珑了。而是一部鸿篇巨制，多层次多角度多章节多卷帙的结构，就是曹雪芹、罗贯中大概也难以驾驭！单看每一朵，也绝非漫不经心轻描淡写，而是在各自枝头，有章有法有节有奏有秩有序有品有味地绽放开来，更有只只蝴蝶，不失时机恰到好处的翩翩着修辞。

我陶醉于花间，慨叹皇天后土怎如此青睐这一片土地，灿烂出如许绝妙桃花呢？但见花瓣袅袅，宛若轻盈禅翼，虽略粉红，却艳而不妖，美丽着这片沃土，当然也知恩回报着沃土上抚育她们的辛勤劳作之人。更感谢上苍风调雨顺，不然，莫说冰天雪地，就是"倒春寒"，大概未及绽放便早被寒风吹打去了。我默默踟蹰于林间，悉心感受充满嘤嘤啾啾欢快鸟鸣的空气里，浮动着怎样一种浓极而又淡极的芳香，如一缕缕悠远钟声，缭绕心底，流韵隽永，回味不绝。

登临山巅，但见东方横亘着万里长城，虽充满沧桑，可作为中华民族的象征，世界人类的遗产，蜿蜒于燕山之间，成了桃园屏障；北面屹立着老象雄峰，以整座山峰为象，浑然天成，也是日月轮回，风雨雕琢，大自然鬼斧神工，壮了桃园之景；南接汉城旧址，平谷建置二千二百余年，延续至今。城基瓦砾，如一部厚厚典籍，平添桃园之蕴；西望京师，古都建筑辉煌，深远厚重，恰作了桃园依托。无论我怎样思接千载，视通万里，眼前这一切，或天然造化，或人文胜迹，早与桃园融为一体，使四月里的桃园，刹那间汇成一片热烈欢腾深沉浩瀚的桃花海！

桃花海里，无数花瓣舞动，分明激荡着中国音乐的节拍，奏出天上人间的优美曲乐。一时间，世人争相竞传，中国乐谷，世界桃园！平谷确是世界最大的桃园，而华山无疑是桃园最精彩壮观的华章。这华章并非是夸父追日的拐杖，一根拐杖再神通也幻化不了这多；也不是武陵人贸然闯进的桃花源，那不过夹岸数百步，即使满栽桃树，充其量又栽植几株？究其实，这华章是一代代桃园儿女的辛劳杰作，而他们也在杰作中享受着幸福与快乐！我曾想，四月桃花里，若夸父来此，或许也不再苦苦地追日，当挂着拐杖而醉入花丛；若陶渊明有知，定会欣然命笔，再作桃花源新记了。

当然，作新记时，请陶翁切莫忘记：桃园四十万儿女正做着的桃花梦。随着悠扬乐律，缤纷落英，梦在枝头，将会一天天成熟为现实。

（发表于2014年《北京日报·郊区版》）

桃 花 颂

石作良

你冒着严寒走来
你伴着春风盛开
你娇艳似霞似锦
你清香如潮如海
你就像播撒美玉的精灵
把平谷妆扮成仙境所在
你就像匆匆报喜的使者
把丰收的福音早早送来
啊，桃花红，桃花海
人面桃花竞放异彩
山好水好风光好
绿谷桃乡美景万载

你娇媚不失傲骨
你柔美更显气派
你奉献点点滴滴
你爱心慷慷慨慨
你就像一首大爱的诗章
让无私的博爱绚丽绽开
你就像一曲深情的歌唱
让幸福的生活甜蜜开怀
啊，桃花红，桃花海
人面桃花竞放异彩
山好水好风光好
绿谷桃乡美景万载

（原载2010年4月9日《京郊日报》喜鹊副刊第3版与玉广合写）

爱在桃花海

石作良

是谁神来之笔，画出这般神奇，
万亩花海展现人间的奇迹。
花红似火，花香甜蜜，
漫步花海再也不想离去。

啊，因为这样的爱你，
我把你拍进我的记忆；
因为这样的爱你，
我把你写进我的心底。

是谁妙想之极，写出这般诗意，
万顷桃花红透平谷的魅力。
笑脸如花，相映成趣，
王母桃园难寻这般美丽。

啊，因为这样的爱你，
我才与你在这里相聚；
因为这样的爱你
我愿年年约你在春季。

请到平谷来看海

石作良　王云杰

一夜春风轻轻来，
千树万树桃花开；
红颜漫舞春山醉，
香随倩影绣云台。
火红的吉祥，粉红的情怀，
红红火火汇成海。

意缠绵，心澎湃，
芬芳四月莫等待。
请到平谷来看海，
桃花朵朵为你开。
红色桃花添红运，
你福运多多添色彩。

一路春风暖暖来，
千朵万朵笑颜开；
桃花源里仙境美，
甜情蜜意不用猜。
山盟的表白，海誓的豪迈，
潇潇洒洒情如海。

美世界，爱舞台，
快快成行莫徘徊。
请到平谷来看海，
花海滔滔涌天外。
远方朋友请你来，
你爱如潮水永远在。

三月桃花潮

任剑义

一夜春雨，风便用它纤细的手，在坡前堰下撒下点点新绿。犁牛的脚步声，唤起了万物勃发的欲望。脆响的鞭花，昭示着丰收的来临。

杏花将凋，长长的桃枝上，又吐出了一串串的花苞。眨眼，有几朵已绽苞开放。一瓣、二瓣，花朵越开越重，两朵、三朵，桃林成了花的世界。叶子未发，先已作花。动摇了"红花还需绿叶配"的古老哲理。没有绿叶，更显出粉面莹洁。

闲来踏青，游人尽览桃乡春色，只是前世没有修做桃乡人，桃乡人眯着双眼，似睁、未睁，像是对这娇花早已无心赏怜。若是你注意他们眼角荡起的微波，自有一叶爱的小舟，驶向收获的港湾。赏花悦目，桃乡人盼花，盼花坐果。

花期苦短，游人为此而生憾。一阵春风，天空已荡起了桃花风、杏花雨。花润风香，雨为花红。

如大海作潮，似万马脱缰，虹霓为她折弯了腰，夕阳为伊羞红了脸，游人在这香风、红雨里陶醉。桃乡人披一肩花瓣，荷锄乐返。

身为桃乡人，我爱这三月桃花潮。花期虽短，却洒尽一身飘逸。待到六月果熟，又将仙汁琼浆托给人间。我等人生，极似三月花期，青春虽短，自有奉献作为补偿。

梦回桃花源

李　平

在正午，在黄昏，
在阳光与梦幻的交接地带，
大地在沉睡中苏醒。
暮色中，这盛开的桃花，
彼此传达着一种神秘的信息，
仿佛头上隐约的星光，
有着多种闪烁的形式。
在长久的漂泊之后，
我又看见桃园美妙的风景。
毫无戒备的夜色，
一个人向这花的海洋靠近，
向一种疼痛靠近，
当内心的一切向上翻涌。
谁会看见，
一个久别的泪光，
在黑暗中闪亮。
爱比生命更为沉重，
它是夜空中最高的星辰，
当诗篇向灵魂打开，
而风
已吹向了陈年的树林。

桃花红　阳光艳

王友河

人间最美四月天，
平谷桃花舞翩翩。
红云垂落大地锦，
一枝迎风阳光艳。
桃花红，
阳光艳，
引来朋友快相见。
花五瓣，
蕊纤纤，
中华富强花灿烂。

金海湖里花摇水，
丫吉峰上红闹山。
身在枝底化作花，
外美内甜好笑颜。
桃花红，
阳光艳，
世间最美在自然。
唱青春，
赞生活，
中华富强花灿烂。

该歌词发表于2004年《词刊》

桃花瓣儿里的春天

王友河

春天，三千多年前的祖先
迎娶回自己的新娘子
他们高兴却又不无忧伤
面对着燃烧的桃花瓣儿祈盼
桃树翠绿又繁茂
桃花娇美似朝霞
姑娘嫁过门来啊
带来吉祥人丁旺
桃花盛开红灿灿，桃花是
看不见的神，承载着
祖先对大自然的期愿

在春天，一千多年前的祖先
追寻一种生活的理想
从心底发出一种深沉的渴望
精神的天空幻化出一处桃花源
土地平旷屋相连
良田水塘竹成片
鸡鸣狗叫路纵横
从容生活最安然
桃花盛开红灿灿，桃花有如
无形的大伞，遮蔽着
祖先"不足为外人道"的黯然

在春天，三十多年前的父辈们

亲手栽下一棵棵希望的树苗
又一股强劲的春风吹活神州大地
吹绿了平原、河谷、山川
人间最美四月天
平谷桃花舞翩翩
红云垂落大地锦
一枝迎风阳光艳
桃花盛开红灿灿，桃花是
通往富裕的红地毯，喜庆着
父辈们的明天

十多年来的我们，在春天
开始了盛大的桃花节，桃乡
平谷凝聚整个春天的热忱
欢迎八方客，笑谈生态好自然
桃花是播放欢乐的喇叭
桃花是旋转舞步的红裙
桃花是装满幸福的酒杯
桃花是波涌快乐的海洋
桃花是巨大的红色请柬
……
桃花盛开红灿灿，桃花是
风景，映衬着山野间别墅式的新民居
和新民居里亲人们的笑脸……

该诗发表于2010年《人民日报》

桃树枝上的冬天

王友河

天空阴郁，大地苍黄
沉闷的北风是寒冬唯一的音响
可桃树挺拔，枝头深红
深红之中有看不见的光芒

一支深红，深红的桃树枝
纤细的红蜡烛，万顷桃枝
亿万根红蜡烛，多么温暖的意象

一支深红，深红的桃树枝上
饱满的芽胞环绕其上，假如
没有了冬天，春天还会代表希望？

一支深红，万顷则是深红的波浪
波浪里蕴涵着积蓄起来的能量
愈冷愈红，愈红愈昂扬

万顷深红，一把巨大尚未点燃的火炬
紧裹其中深沉的渴望
等待一次熊熊地燃烧
等待轰轰烈烈地绽放

在北方，在平谷，在大华山
原野寒冷空旷，冬天一如那只
栖息在桃树枝上的雄鹰
等待飞翔……

该诗发表于2011年《人民日报》

楹　联

杜景仁
远望桃园春锦绣；
近听峡水曲和谐。

梁　霞
春日好休闲，看秀美桃乡，别开画境；
沟河归整治，喜清新平谷，长漾诗情。

陈　亮
题休闲平谷
生态看桃乡，护绿意红情，有花满地、云满天，万物谐和开画本；
休闲乐平谷，伴晨曦晚照，眺月在山、灯在水，一城清丽醉诗心。

陈福云
梦圆花海花圆梦；
人醉桃乡桃醉人。

王毓祥
三山环抱，二水分流，四城交汇；
万亩桃园，千年底蕴，六项休闲。

作品释文

紫府程遥梦里寻，
嫣红花染火烧云。
西池宴罢遗仙果，
化作蟠桃万顷林！

录杨金亭《咏丫髻山仙桃峰》

王友谊 书

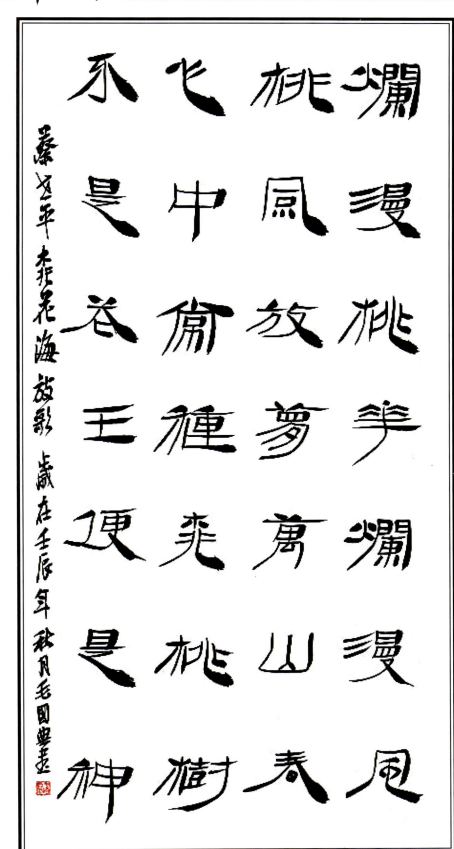

作品释文

烂漫桃花烂漫风，
桃风放梦万山春。
心中常种桃桃树，
不是花王便是神。
　　　　作者：蔡世平

毛国典　书

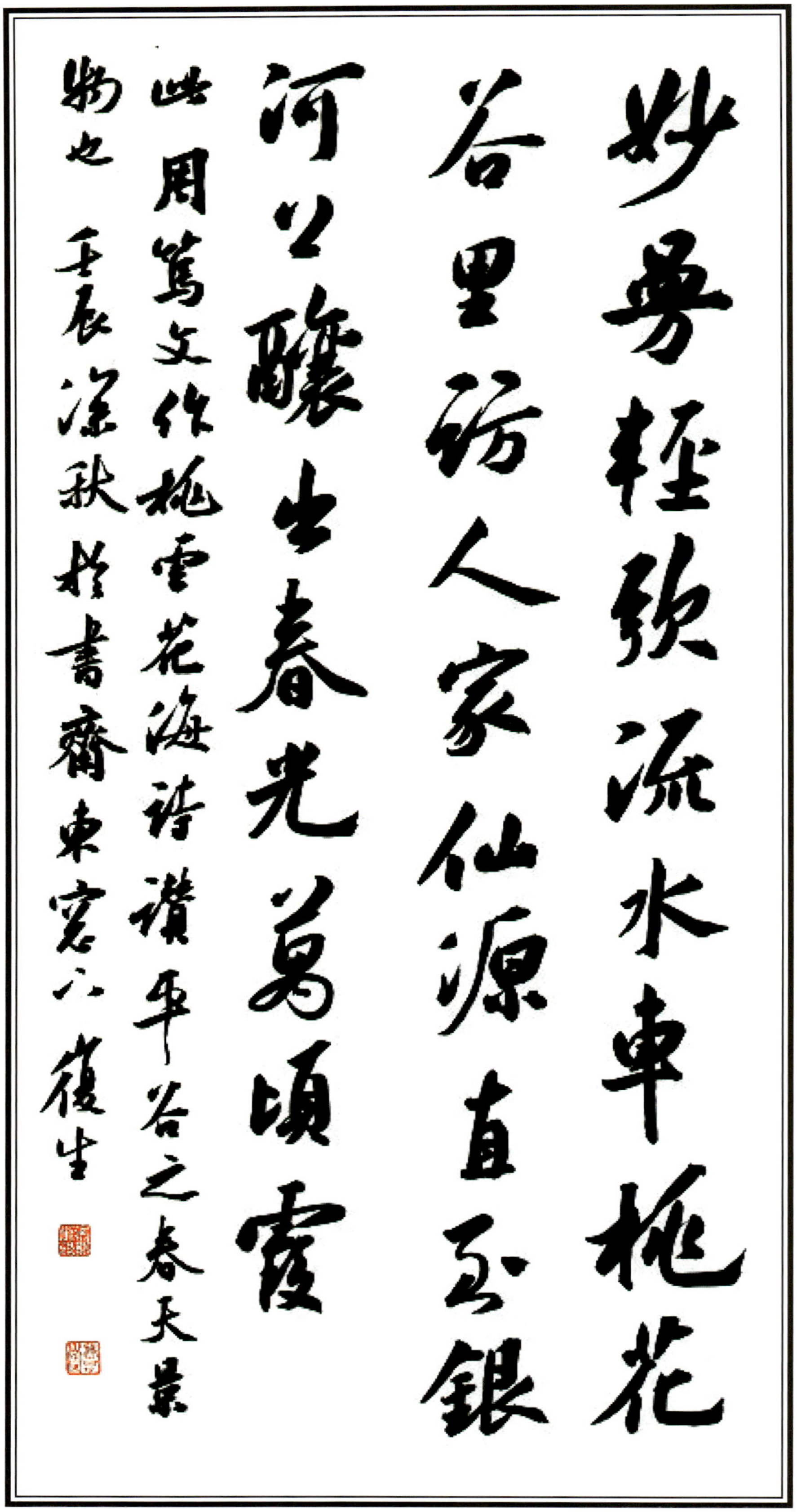

妙曼轻歌流水车桃花
谷里访人家仙源直到银
河上酿出春光万顷霞

此用笃文作桃雪花海诗赞平谷之春天景
物也 壬辰深秋于书斋东窗六復生

作品释文

妙曼轻歌流水车，
桃花谷里访人家。
仙源直到银河上，
酿出春光万顷霞。

作者：周笃文

陈复生 书

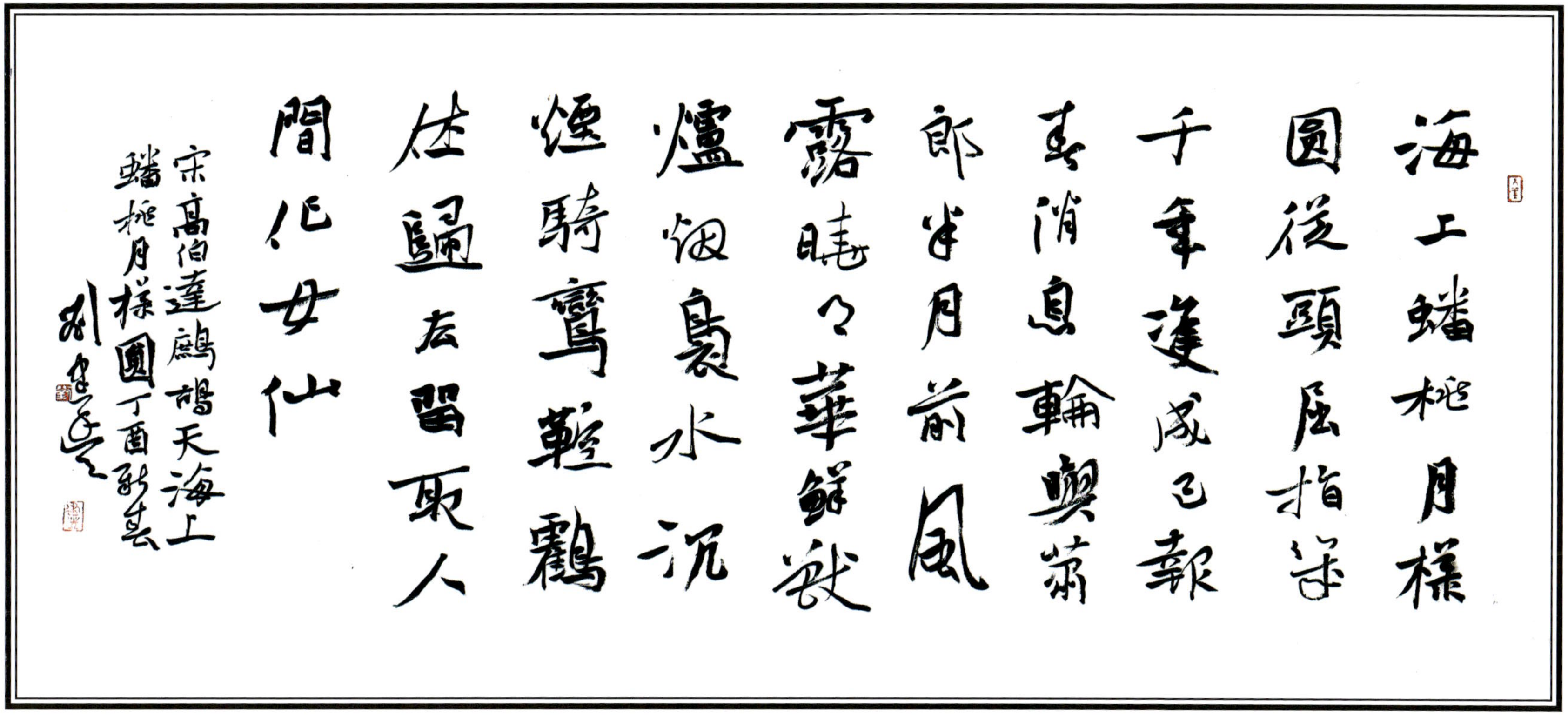

刘建丰 书

作品释文

海上蟠桃月样圆，
从头屈指几千年。
双成已报春消息，
轮与萧郎半月前。

风露晓，月华鲜，
曾炉烟袅水沉烟。
骑鸾整辔鹤归去，
留取人间作女仙。

作者：[宋]高伯达

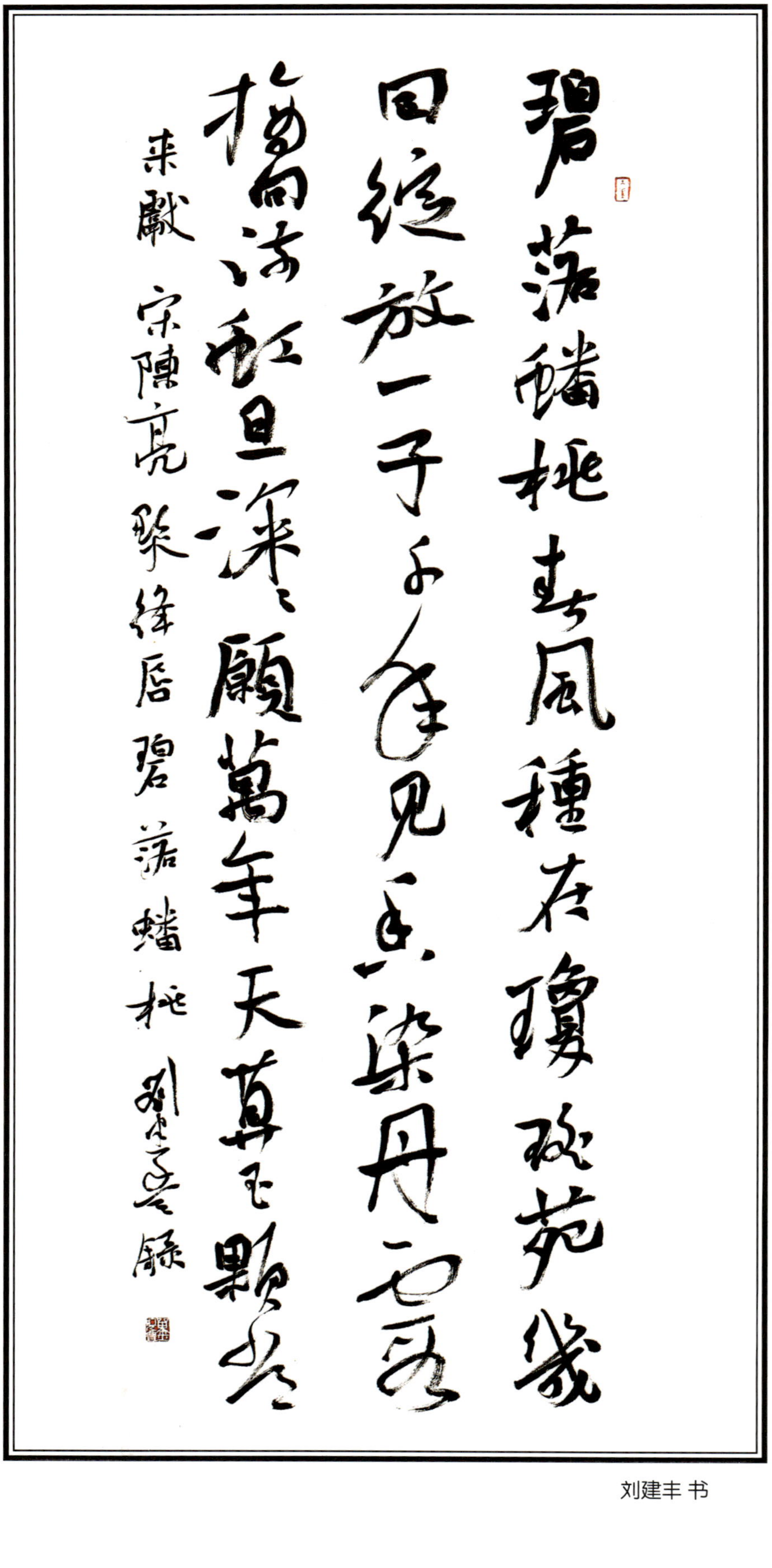

碧落蟠桃春風種在瓊瑶苑幾
回绽放一子千年見香染丹霞
摘向流虹旦深深願萬年天算玉顆
来獻 宋陳亮 聚律居碧落蟠桃 劉建丰錄

作品释文

碧落蟠桃，
春风种在琼瑶苑。
几回花绽，
一子千年见。
香染丹霞，
摘向流虹旦。
深深愿，
万年天算，
玉颗常来献。
作者：［宋］陈亮

刘建丰 书

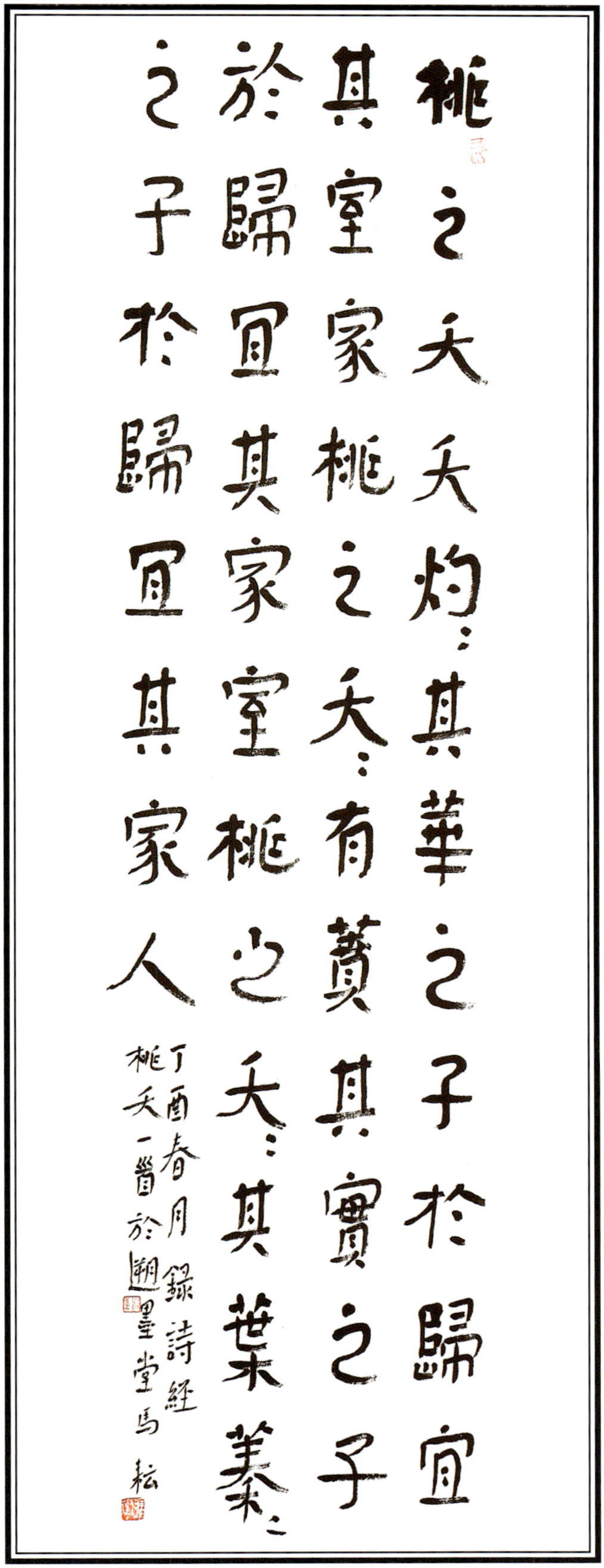

桃之夭夭，灼灼其华，之子于归，宜其室家。桃之夭夭，有蕡其实，之子于归，宜其家室。桃之夭夭，其叶蓁蓁，之子于归，宜其家人

丁酉春月录诗经桃夭一首于翻墨堂 马耘

马耘　书

作品释文

桃之夭夭，灼灼其华，
之子于归，宜其室家。
桃之夭夭，有蕡其实，
之子于归，宜其家室。
桃之夭夭，其叶蓁蓁，
之子于归，宜其家人。
引自《诗经》

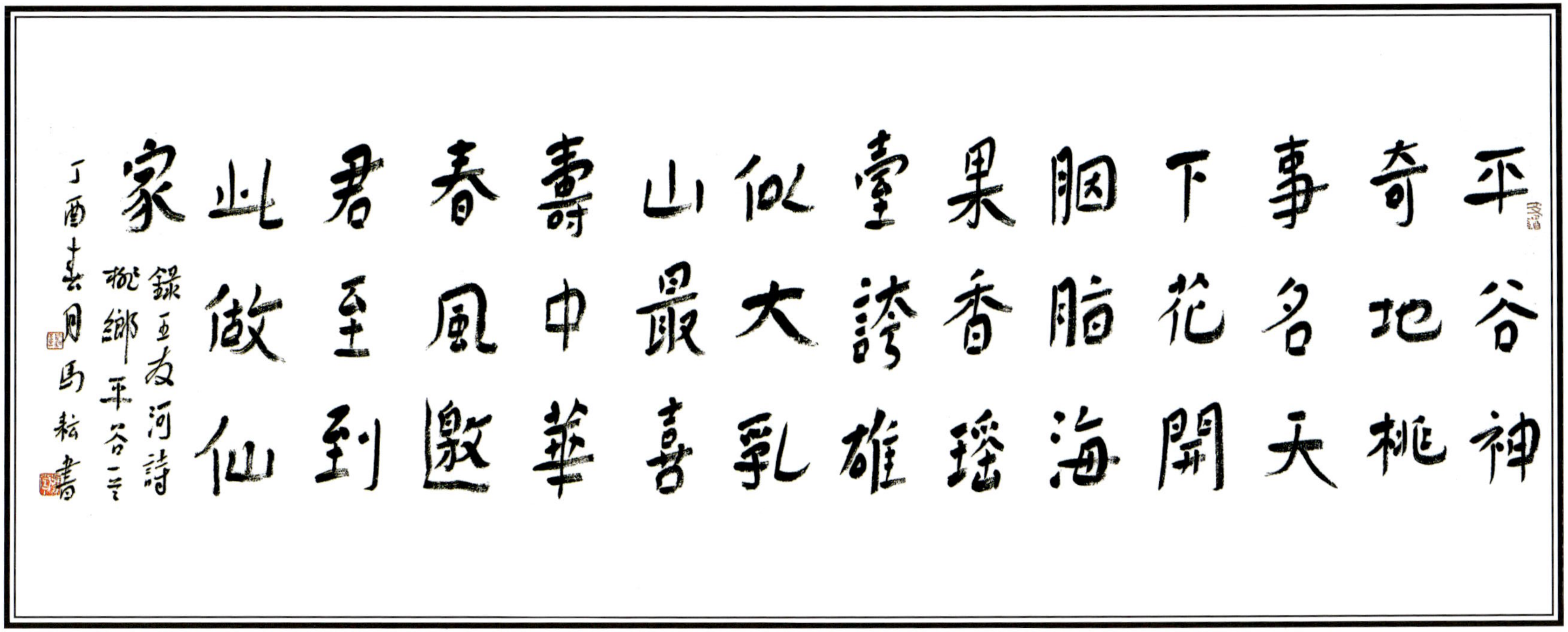

328 文化篇

平谷大桃

家此君香向山风至中大话香临花名泡谷

录王友河平谷三首 马耘书

敬到仙诗乱雄谣演开大桃神

马耘 书

作品释文

平谷神奇地，
桃事名天下。
花开胭脂海，
果香瑶台夸。

雄似大乳山，
最喜寿中华。
春风邀君至，
到此做仙家。

作者：王友河

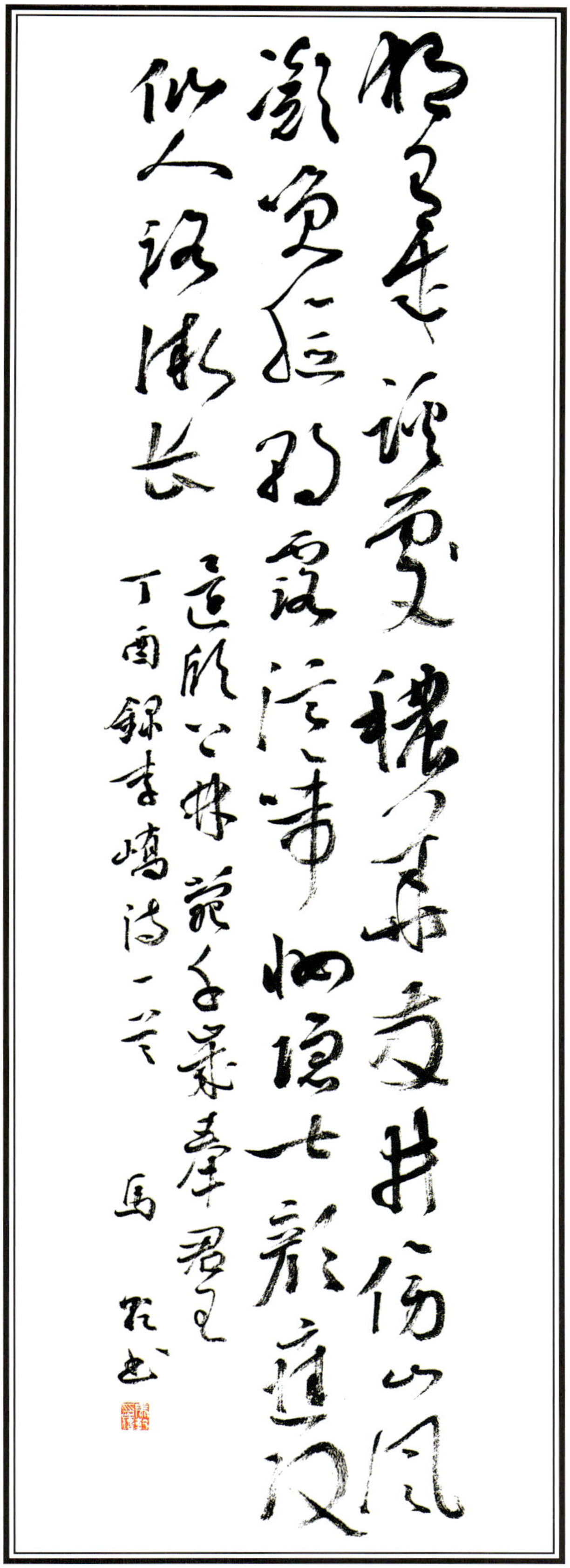

马乾　书

作品释文

独有成蹊处，
秋华发井傍。
山风凝笑脸，
朝露泫啼妆。
隐士颜应改，
仙人路渐长。
还欣上林苑，
千岁奉君王。

作者：[唐] 李峤

马乾　书

作品释文

西王母桃种我家，
三千阴春始一花。
结实苦迟为人笑，
攀折唧唧长咨嗟。

作者：[唐] 李白

王其智 绘

王其智 绘

王其智 绘

王其智 绘

马乾 绘

邢凤玉 绘

王持 绘

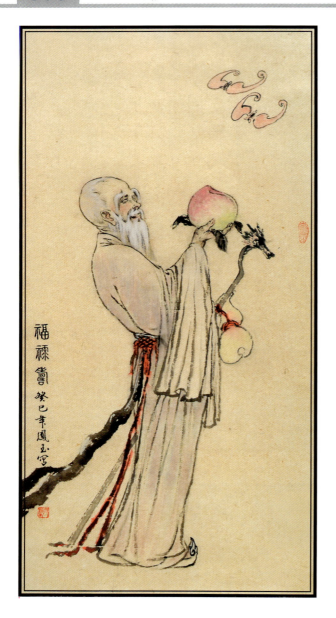

邢凤玉 绘

邢凤玉 绘

邢凤玉 绘

邢凤玉 绘

李鼎成 绘

李鼎成 绘

付东升　绘

付东升　绘

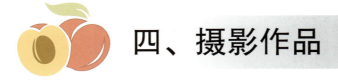

平谷·桃花海

桃花盛开的地方

闹　春

平谷桃花坞

落红有情　　　　　浪漫家园

水面桃花弄春影

花海朝阳

平谷大桃

平谷春色

桃花源

桃花故里大华山

春风荡漾

桃花海

春光明媚

灿若云霞

金山观景

云舞桃花

南岔村的春天

桃花灼灼溢光辉

桃园人家

平谷·桃花海

走进桃花海

神山脚下

桃花村

桃花盛开的村庄

春梦依稀

层峦迭峰

千舒万展

春到丫髻

美丽家园

落英缤纷

草绿花红

桃花恋

美在春天

日出轩辕

天下第一

春到山村

世外桃源

桃园雪韵

写意春天

美在桃林

镜　像

骑行赏桃花

花间行

你好桃花

桃花深处

暖阳下的桃花林

退休生活

采摘时节

欢　乐

喜上眉梢

丰收的喜悦

你是谁

桃园大舞台

快乐桃林

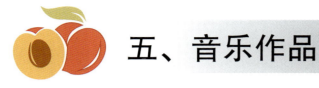

五、音乐作品

走进桃花盛开的地方

石作良 石强 作词

从未想过桃花 会这样奔放，
从未见过花海 有这般雄壮，
你令我震撼，心潮激荡，
初见你模样，找到爱的方向。

阵阵春风带来浓郁的花香，
一路赞叹走过那丛林山岗。

走进那桃花盛开的地方，
满眼都是火红火红吉祥，
人说那桃花最呀最多情，
我愿与你一生相守地久天长。

从未想到人们 会这样向往，
从未见过京郊 有这般典藏。
你燕山为家，长城为帐，
白云做衣裳，小河旁来梳妆。

阵阵歌声飘过美丽的村庄，
一路徜徉走进你山水画廊。

走进那桃花盛开的地方，
心情多么明媚明媚爽朗，
莫问那桃花几呀几日红，
我愿与你风雨同行把梦点亮。

醉在桃花林

石作良填词

在那桃花如海的地方，
是我可爱的家乡，
桃树倒映在沟河的水面，
桃林环抱着秀丽的村庄。
啊！家乡！洒满吉祥的地方，
每天的早晨你昂首迎来，
北京的第一缕阳光！

在那桃花如海的地方，
是我迷人的家乡，
桃园荡漾着游客们的笑声，
桃香醉红了姑娘的脸庞。
啊！家乡！充满生机的地方，
后花园的景色多么美好，
协同发展你脚步铿锵。
啊！家乡！令人向往的地方，
后花园的景色多么美好，
协同发展你脚步铿锵！

桃花有约

邓成彬

一张粉红的名片，
捎来烂漫的春天，
谁轻盈的脚步，
走在万亩桃林间，
燕也呢喃，风也翩翩。
阳光下，桃花山，
好个桃之乡，
且将一瓣桃花作书签，
添了画一幅，
香了诗一卷。

一份美丽的请柬，
邀我来到你身边，
谁粉红的笑脸，
留在梦中桃花源，
蜂也吟诵，蝶也点赞。
爱深处，梦里面，
好个花之乡，
巧借一方花海作封面，
靓了一座山，
美了一片天！

桃花情

1=F 4/4
♩=54

作曲：范家慧
作词：程远

沿着 春风 清扫的路 径，　走进
记着 蜜蜂 好心的叮 咛，　不忍

你的 画意 诗情。　你的 娇羞 温暖我的眼 睛，　你的 火红 点燃我的激情。　我掬
惊醒 你的 美梦。　你的 花团 装饰我的心 窗，　你的 美丽 婉约我的梦 境。　我吮

起　　一抹绯 红,擦亮我 的心 情。　就在你 的 花 海里,我的
吸　 你的笑 容,甜蜜我 的憧 憬。　就在你 的 画 卷中,我的

心 舟游弋 不停。
身 影也成 风景。

桃花 朵 朵 开,

春意 无限 浓,　　人 在花 丛 中,　今 生 有 好 梦,

桃 花 朵朵 开,　春意 无 限 浓,　　人 在花 丛 中,

今 生 有 好 梦。　　今 生 有 好 梦。

醉在桃花林

独唱

陈晓明 词
晓 其 曲

1=F 4/4
♩=63 优美地 f

(34567 ‖ i·7 626i·7 | 6·i 6532 — | 021 23 656 503 | 212 3521·7 |

656 726 5 —) | 361 653 5·3 | 235 276 5 — | 117 65 3i7 653 |

雨 如 丝 润 春 光， 花苞 正 眺
彩蝶 飞 蜂儿 忙， 花蕊 吐 芬

53 2 1 2 — | 33 676 5·3 | 235 3227 6 — | 021 23 656 503 |

望。 脉脉 含羞 色 群山 飘幽 香， 春风 一点
芳。 簇簇 缀枝 头 花雨 落手 上， 微风 过 处

mf

3 12 35 2 1 — | 6 56 72 6 | 5·6 | 5 — — — ‖

桃林 花 绽放 桃林 花 绽放。
大地 披 红装 大地 披 红装。

f

(6 56 72 6 5·3

(2 12 35 2 1235 6567) ‖ i·7 6 26 | i·76 i — | 6·i 65 353 |

登临 柳树 湾， 桃花 似 海
漫步 湖洞 水， 飘来 桃花

2·1 2 — | 5 5 3 2·3 5 | 2 35 32 7 6 0 12 | 3 6 i 6·532 1 |

洋， 胭脂 染红 金海 湖， 一湖 花蜜 水
香， 梦里 再 回桃 花 林， 人面 桃 花

656 726 5·6 | 5 — — — ‖ 03 6i 6·5 32 | 1 — — — | 66 56 7·2 |

流进 谁梦乡。 人面 桃 花 捧在 谁
捧在 谁手 上

6·5 6 — | 5 — — — | 5 — — — | 5 0 ‖

手 上。

桃花盛开的平谷

作曲:邓琳洲 梁又天

作词:张青松

1=♭B 4/4

♩=66—68 唯美 抒情 民通风格

```
5 5  2·3 3 - | 5 5  5 5 2 1 1 - | 6 6  2 3 2 2 - | 2 2  2 6 5 5 - |
我 有 一 个 梦,   梦 里 是 春 风,   春 风 拂 面 来,   朵 朵 桃 花 红。
我 有 一 个 梦,   梦 里 来 相 逢,   桃 乡 爱 也 真,   桃 乡 情 也 浓。
```

```
1 1  2·5 3 2 3 3 | 6 6 6 5 3 3 - | 6 6 6 5 5 6 - | [1.] 6 6 0 6 5 5 - |
我 有 一 个 梦,     梦 在 诗 画 中,   一 座 桃 花 谷,   风 情 万 种。
我 有 一 个 梦,     梦 和 梦 相 通,   一 座 古 长 城,
```

```
2/4 5 - | [2.] 6 6 6 6 5 5 - | 2/4 5 - | 4/4 5 6 i 7 6 5 5 3 |
          情 和 景 交 融                    桃 花 盛 开 桃 乡 人 的
                                            桃 花 盛 开 桃 乡 人 的
```

```
6·3 5 - | 2 3 3 3 3 2 2 - | 5 6 6 6 6 3 5 5 - | 5 6 i 7 6 5 6 3 |
中 国 梦,   绽 放 着 希 望,   绽 放 着 繁 荣。     宝 山 神 水 来 了, 就 温
中 国 梦,   寓 意 着 美 好,   寓 意 着 生 动。     休 闲 平 谷 来 了, 就 醉
```

```
7·3 i 0 i | 7 6 6 5 5 5 3 2 | 2 - - 3·1 | 1 - - - :|
暖 心 胸,  你 会 留 下 一 个 烂 漫       笑 容
了 宾 朋,  你 会 留 下 一 个 幸 福       的 梦
```

```
2 2 3 2 3 2 2 | 2 - - 3 3 | 3 1 1 1 - - ‖
你 会 留 下 一 个       幸 福 的 梦
```

桃花红，平谷美

作曲：李广育
作词：刘志毅

1=D 4/4

♩=70 优美、抒情地

(i 76 i — | 2 76 6 — | 5556 35 26 | 1 — — —)

5 6 63 5·3 | 23 36 5 — | 1112 36 63 | 2·6 3 —
桃　花　红，　平　谷　美，　平谷桃花似霞　晖。
桃　花　红，　平　谷　美，　桃花平谷惹人　醉。

5 6 63 5·3 | 23 5 6 — | 6666 35 26 | 1 — — —
红　就　红成胭脂海，美就美得蝶纷　飞。
花　掩　桃村新楼起，花香桃家歌也　脆。

iiii 76 35 6 | 6 i 6 i — | 22 2 76 36 7 6 | 5 — — —
招　就　招来天下客，赏花恋花不思　归。
平　谷　奋发百业兴，桃作名片花为　媒。

i i 76 i | 65 53 2 — | 1. 5556 35 26 | 1 — — — :‖
君若　想交桃花运，何不平谷走一回
平谷　美赛桃花源，

2. 5556 35 26 | 1 — — — | (5 6 53 5·3 | 23 36 5 —
追梦筑梦展翅　飞。

1112 36 63 | 2·6 3 — | 5 6 63 5·3 | 2 35 6 —

6666 35 26 | 1 — — — ‖ 3. 5556 35 26 | 1 — — — ‖
D.S.追梦筑梦展翅飞

平谷桃花你慢点开

单素奎 黄健雄词

黄健雄 曲

1 = D 4/4

自豪 深情地 每分钟 68 拍

‖:(3 . 1̲ 5 - | 4̲5̲ 6̲i̲ 7̲6̲ 5 . | 6 . 4̲i̲ 6 - | 4̲5̲ 6̲4̲ 2 - |

3̲ 3̲5̲ i̲ - | 7̲i̲ 2̲7̲ 6 - | 5̲i̲ 5̲4̲ 3̲5̲ 2 | 2̲4̲ 3̲7̲ 1 -) |

5̲5̲ 3̲5̲ 1 - | 2̲3̲ 3̲i̲ 5 - | 6̲i̲ 4̲6̲5̲ 3̲i̲ | 4̲4̲ 4̲5̲ 2 - |

平谷 桃花　 情窦 初 开，　 娇滴 滴的容 颜　 羞答 答的 爱，
平谷 桃花　 迎风 绽 开，　 燕山 南麓成 了　 美丽 的花 海，

5̲5̲ 3̲5̲ 1 - | 2̲3̲ 3̲7̲ 6 - | 2̲3̲ 4̲5̲ 6̲i̲ 7̲6̲ | 7̲7̲ i̲ 2 - |

借你 的花 枝　 当做 自拍 杆，　 我要 和你 来照 一张　 最美 自 拍。
打开 我心 扉　 把你 全下 载，　 我要 收藏 你的 青春　 多姿 多 彩。

i̲ 1̲5̲3̲2 . | 3̲2̲ 1̲3̲ 5 - | 6̲5̲6̲ i̲i̲ 5̲6̲5̲ 3 | 5̲5̲6̲ 5̲1̲3̲ 2 - |

啊！平谷 桃花　 请你 慢点 开，　 粉红的 盖头 让风 儿　 轻轻掀 起 来。
啊！平谷 桃花　 请你 慢点 开，　 馨香的 唇儿 多醉 人 我心潮 澎 湃。

3̲3̲ 2̲3̲ 5 - | 5̲3̲ 1̲2̲ 6 - | i̲ 6̲i̲ 5̲6̲5̲ 3 | 2̲5̲5̲ 6̲2̲1̲ 1 - :‖

平谷 桃花　 请你 慢点 开，　 你开得 太　 快， 我看 不 过 来。
平谷 桃花　 请你 慢点 开，　 你开得 太　 快， 我爱 不 过 来。 D.S.

结束句 渐慢

i̲ 6̲i̲ 5̲6̲5̲ 3 | 5̲5̲6̲ 2̲6̲ i̲ - ‖

你 开的 太　 快， 我爱 不 过　 来。

六、桃木艺品

（一）佛像摆件

（二）文房四宝

（三）桃木剑

（四）手 链

（五）托 盘

（六）木簪、木梳

（七）大摆件

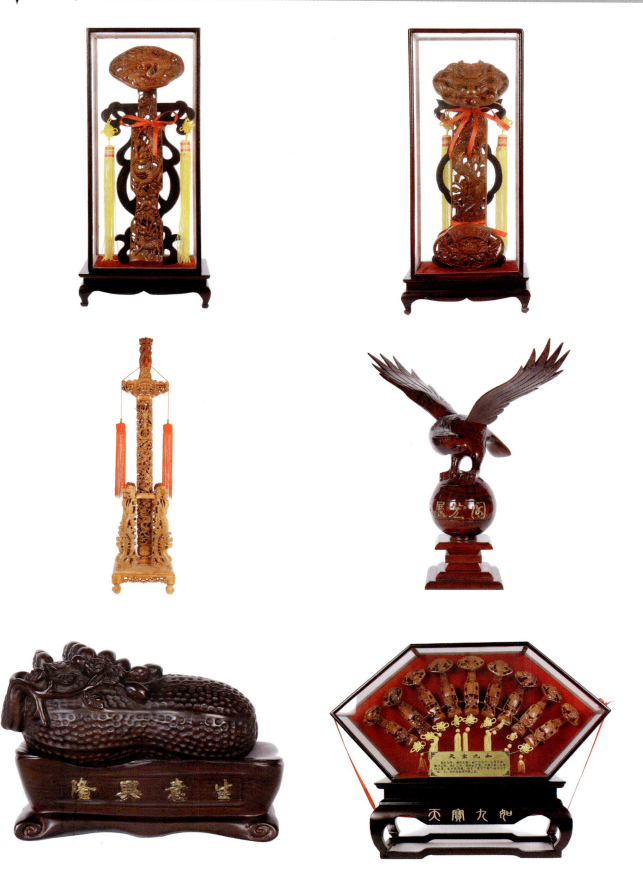

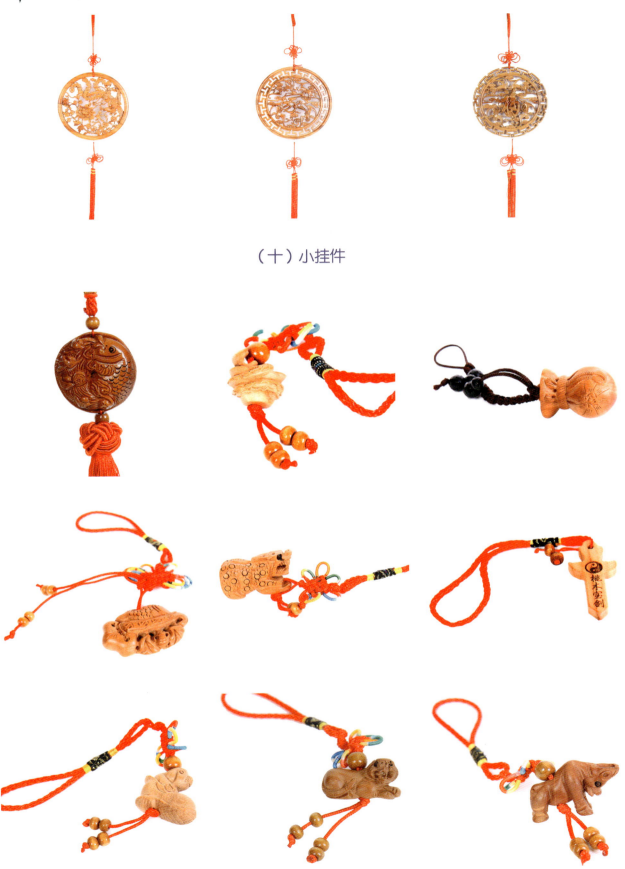

（十）小挂件

（十一）动物摆件

附录一　平谷区地图

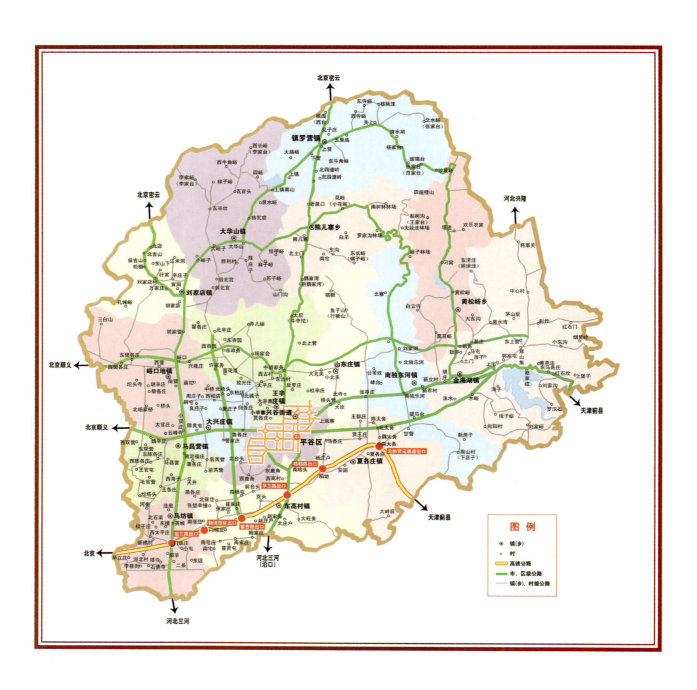

附录二 平谷桃花游览地图

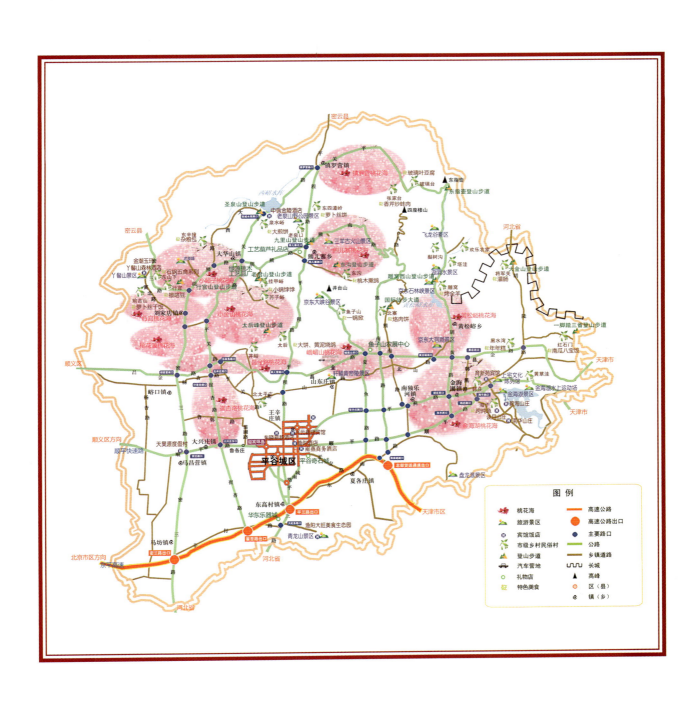

附录三　平谷大桃全国销售网络

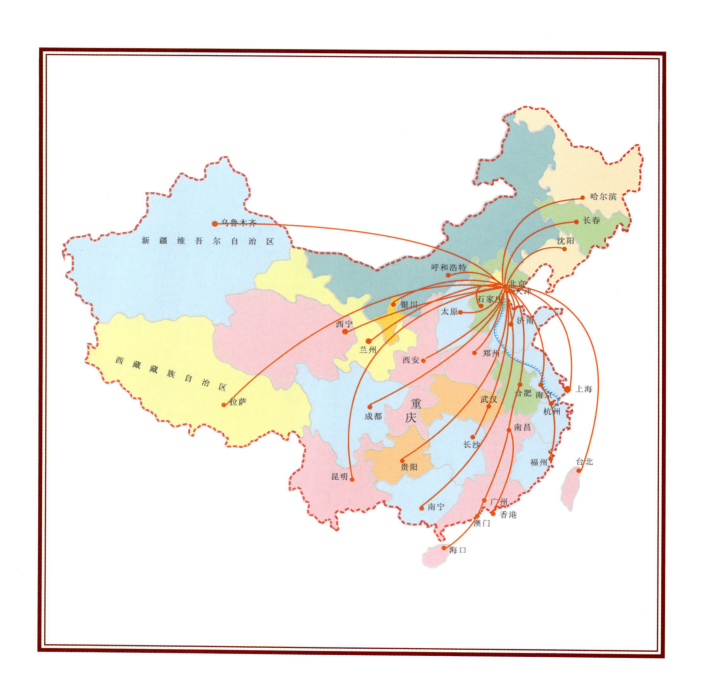

附录四　销售网络联系方式

合作社

北京益达丰果蔬产销专业合作社　　见先生 13811065517

北京恒亿金利吉蔬菜产销专业合作社　　王先生 15801639216

北京夏各庄田丰果品产销专业合作社　　贾先生 13701385232

北京独乐河果蔬产销专业合作社　　李先生 13911068856

北京金果丰果品产销专业合作社　　张女士 13911511400

北京宗宇浩有机柿子产销专业合作社　　王女士 13913315675

北京海鲸花专业合作社　　王女士 13601113643

北京喜福达果品产销专业合作社　　李先生 13520031540

2016 平谷鲜桃季部分平谷大桃商超对接销售渠道

1. 北京绿谷沃丰果品产销农民专业合作社联合社　　陈先生 13811236635
   北京永辉超市（30 多家连锁）

2. 北京裕隆兴果品产销专业合作社　　王先生 13716240783
   西城区校场口金质生活店；中石化易捷便利店 20 家

3. 北京绿谷汇德果品产销专业合作社　　岳先生 15901397088
   果多美超市（30 多家连锁）

4. 北京独乐河果蔬产销专业合作社　　李先生 13911068856
   亦庄一栋洋房社区

5. 北京京品溢香果品产销专业合作社　　邵女士 13701171216
   万意嘉菜市场（劲松 8 区 808 楼，2 区 201 楼）；海淀区岭南路生鲜超市

6. 北京绿谷互联网家农产品销售农民专业合作社联合社　　陈先生 18600397071
   东城区国瑞中心东区一层鲜美汇生鲜超市；朝阳区北沙滩 7 号直营店

7. 北京兴农达果品产销专业合作社　　赵先生 13701265859
   婕妮路超市；乐天玛特超市；果时汇（汇源果汁）实体店；超市发超市；北京家乐福；
   果乐乐超市；本来生活网；爱鲜蜂实体店超市

8. 北京兴农达农产品产销专业合作社商超店　　于先生 13601377825
   超市发安宁庄店；超市发超市(甘家口店)；超市发超市(厢红旗店)；王子密码(乐天玛特店)
   乐天玛特(望京店)；乐天玛特(崇文门店)

9. 北京京外桃园农产品产销专业合作社　　王先生 13601003760
   北京市海淀区万柳中路北京大学院内山合谷水果零食店；北京市海淀区西三环首都师范大学院
   内山合谷水果店；绿叶子超市望京丽都店

10. 北京林淼有机果蔬种植有限公司　　关先生 13683090111
    北京华联综合超市股份有限公司东直门店等 13 家店

网店

平谷大集网：http://www.pgdj.cn/
平谷旅游网：http://www.pglyw.com/hl.asp
绿都生鲜：http://mall.jd.com/index-71747.html
绿养道旗舰店：http://lvyangdao.jd.com/
沱沱工社：http://www.tootoo.cn/
鑫桃园京东平谷馆：http://mall.jd.com/index-181135.html
鑫桃园商城：http://www.xintaoyuan.cc/

专业村

大华山镇后北宫村：61932166
大华山镇大峪子村：61947954
大华山镇大华山村：57107830
大华山镇小峪子村：61947542
大华山镇前北宫村：61932592
大华山镇胜利村：61940541
大华山镇陈庄子村：61947873
大华山镇苏子峪村：61947494
大华山镇挂甲峪村：60978266
大华山镇砖瓦窑村：61947741
大华山镇泉水峪村：61948649
大华山镇麻子峪村：61947680
大华山镇西峪村：61947024
镇罗营镇上营村：13911778976
镇罗营镇东四道岭村：13601064423
镇罗营镇北四道岭村：13911930633
镇罗营镇上营村：13911778976
镇罗营镇上镇村：61968180
镇罗营镇五里庙村：61960038
镇罗营镇下营村：15910611713
熊儿寨乡熊儿寨村：61962406
熊儿寨乡北土门村：61962954
熊儿寨乡老泉口村：61961334
刘家店镇北店村：61974026
刘家店镇寅洞村：61971021
刘家店镇刘家店村：61972006
刘家店镇胡店村：61973828
刘家店镇东山下村：61974006
刘家店镇前吉山村：61974058
刘家店镇松棚村：61971716
刘家店镇万庄子村：61973518
刘家店镇辛庄子村：61971225

刘家店镇行宫村：61973099
王辛庄镇北上营村：69913760
王辛庄镇北辛庄村：61921504
王辛庄镇大辛寨村：89990876
王辛庄镇东古村：80981159
王辛庄镇东杏园村：61921831
王辛庄镇放光村：61999850
王辛庄镇井峪村：61921030
王辛庄镇乐政务村：61921426
王辛庄镇莲花潭村：89956855
王辛庄镇太平庄村：89956090
王辛庄镇西杏园村：61924123
王辛庄镇熊耳营村：80981206
王辛庄镇许家务村：61921934
王辛庄镇杨家会村：61922089
王辛庄镇翟各庄村：61921169
峪口镇东凡各庄村：61906816
峪口镇西樊各庄村：61901628
峪口镇胡营村：61906019
峪口镇兴隆庄村：15910272901
峪口镇西营村：61902208
峪口镇蔡坨村：13716755447
峪口镇峪口村：61906368
峪口镇三白山村：61900201
峪口镇南杨桥村：57105581
峪口镇云峰寺村：61983455
山东庄镇北屯村：60930015
山东庄镇大北关村：60937419

山东庄镇小北关村：60938819

山东庄镇山东庄村：60937601

山东庄镇鱼子山村：60968938

南独乐河镇望马台村：60929770

南独乐河镇张辛庄村：60929976

南独乐河镇新立村：60928827

南独乐河镇峰台村：60926796

南独乐河镇甘营村：60928100

南独乐河镇峨眉山村：60962154

南独乐河镇刘家河村：60961213

南独乐河镇北独乐河村：60961757

金海湖镇土门村：69991071

金海湖镇耿井村：60969844

金海湖镇郭家屯村：69991863

金海湖镇海子村：69992845

金海湖镇韩庄村：69991283

金海湖镇靠山集村：60983558

金海湖镇东马各庄村：60982169

金海湖镇马屯村：60969542

金海湖镇胡庄村：69992283

金海湖镇彰作村：60985506

金海湖镇中心村：60984981

金海湖镇洙水村：69991264

金海湖镇祖务村：60969879

桃木用品

北京绿源桃木雕刻工艺品有限公司　陈艳辉 13910426747

北京谷翠园桃木工艺品公司　杨翠青 13436920958

平谷区供销合作社桃木工艺品商店　马云飞 13717717835

后 记

　　三十年来，作为平谷大桃产业大发展的见证者、参与者和实践者，我与大桃产业结下了深厚的情感，大桃产业不仅是我的工作、我的事业，而且已成为我生命的重要组成部分。我的孩子曾对我说："您对大桃比对我还上心呢！"。他说的是实情。近年来，随着工作的不断深入，我越发感觉到，平谷大桃产业在这几十年的发展过程中，凝结的几代人的集体智慧和成功经验，应该进行全面的总结和回顾，使我们的后人能够把这些经验和智慧传承下去，并发扬光大。我想这是对平谷几代果树工作者辛勤耕耘的尊重和感恩，也是我们这一代人应尽的责任和义务，同时，也是对下一代人的嘱托与期盼！于是，编著这本《平谷大桃》是我心怀的夙愿，今日终于完稿付印，即将与大家见面了。

　　为了全面总结平谷大桃产业的发展现状和谋划好未来的发展战略，助推"打造京津冀协同发展桥头堡和建设北京城市副中心后花园"助力社会各界更好地管理大桃生产、发展大桃产业、生产精品大桃，促进互联网模式下的大桃市场开拓，我们历经三年时间，编著了这本《平谷大桃》。在本书编著过程中，中共平谷区委书记王成国同志、区长汪明浩同志，在全力领导推进全区经济社会快速发展的繁重政务工作之中，仍不忘给予关心关怀，并抽出时间专门作序予以鼓励。区人大常委会刘军主任高度关心编著工作，倾注了他作为农口老领导的热情与期盼，多次询问进展情况并提出了许多富有建设性的意见与建议。本书顾问 付朝永 和邢彦峰同志，是平谷大桃产业大发展的元老级功臣，是长期耕耘一线具有极高造诣的果树专家，作为前辈的他们将几十年、几代人的经验智慧倾囊相授。作为主编单位的区人大常委会农村办公室、北京农学院、区果品办领导与同仁给予全力支持。协助单位区宣传部、区农委、区旅游委、区文化委、区科委、区科协、区文联、区广电中心、区档案局等单位以及相关镇村领导和果农们都给予了大力协助。国家桃产业体系首席专家姜全先生及团队给予了内容审校与资料支持。区摄影协会和作家协会的老领导、老专家耿大鹏、柴福善二位同志在本书艺术篇的设计和加工方面给予大力指导和帮助。参与本书的撰稿作者、摄影作者、文字编辑、实地调研等人员认真负责、勤奋工作、精雕细琢，惠及卷章。在此一并诚挚感谢！限于编者能力所限，书中错误在所难免，排名排序难免考虑不周，敬请大家指正。

李福芝

2017 年 2 月 18 日于平谷